Wireshark 网络分析就这么简单

林沛满 著

人民邮电出版社
北京

图书在版编目（ＣＩＰ）数据

Wireshark 网络分析就这么简单 / 林沛满著. -- 北京 : 人民邮电出版社, 2014.12
ISBN 978-7-115-36661-0

Ⅰ. ①W… Ⅱ. ①林… Ⅲ. ①计算机网络－网络分析－应用软件 Ⅳ. ①TP393.02

中国版本图书馆CIP数据核字(2014)第226824号

◆ 著　　林沛满
责任编辑　傅道坤
责任印制　彭志环　焦志炜

◆ 人民邮电出版社出版发行　　北京市丰台区成寿寺路 11 号
邮编　100164　　电子邮件　315@ptpress.com.cn
网址　https://www.ptpress.com.cn
北京盛通印刷股份有限公司印刷

◆ 开本：800×1000　1/16
印张：12　　2014 年 12 月第 1 版
字数：218 千字　　2025 年 4 月北京第 49 次印刷

定价：49.00 元

读者服务热线：(010)81055410　印装质量热线：(010)81055316
反盗版热线：(010)81055315

内容提要

Wireshark 可能是世界上最好的开源网络包分析器，能在多种平台上（比如 Windows、Linux 和 Mac）抓取和分析网络包，在 IT 业界有着广泛的应用。

本书采用诙谐风趣的手法，由浅入深地用 Wireshark 分析了常见的网络协议，读者在学习 Wireshark 的同时，也会在不知不觉中理解这些协议。作者还通过身边发生的一些真实案例，分享了 Wireshark 的实战技巧。

本书不务虚，不注水，几乎页页干货，篇篇精华，力求为读者提供最佳阅读体验，使读者在一个轻松愉悦的阅读氛围中，潜移默化地掌握 Wireshark 的使用技巧和网络知识，为你的工程师生涯加油助力。

无论你是技术支持工程师、系统管理员、现场工程师、公司 IT 部门的老好人，还是高校网络相关专业的教师，无论你是 CCNA、CCNP、CCIE，还是 MCSE，本书都是迅速了解、掌握 Wireshark 技巧的绝佳读物。

关于作者

林沛满，2005 年毕业于上海交通大学，现任 EMC 网络存储部门的主任工程师。多年来为多个产品团队提供过技术咨询，范围包括网络、操作系统、文件系统和域等，这就是本书所涵盖的协议如此五花八门的原因。每年临近加薪的日子，他也会组织一些技术培训来提醒上司。本书的部分内容就来自这些培训资料。

平时他也写一些技术博客，你或许还能在 IT168 或者 ChinaUnix 技术社区看到它们。本书也有少数内容来自这些博客。

当林先生不在工作时，大部分时间都花在了园艺花卉上，尤其是欧洲月季。

致　谢

感谢很多人对本书的付出。

历城路幼儿园的林小满同学几乎每次邀请爸爸捉迷藏时都失望而归，因为写作本书的时间都被安排在下班后。爸爸会一直记得你期待的眼神和失望时撅起的小嘴。

来自摩根的曹若沈女士帮我弥补了所有的亲子时间，并且在百忙之中检查了每篇草稿。我就算包揽下一年的洗碗工作也难以回报。

来自 EMC、微软和思科等单位的多位朋友审阅了本书的大多数内容，尤其是我的同事赖苏成一个人完成了所有关于 TCP 的部分的审阅。赖先生是一位精通外文的网络专家，在削球技术上也造诣颇深，有意结识这位青年才俊的妹子可以向我索取手机号码。

最后，要感谢 EMC 公司提供了最顶级的网络、VMware 和存储空间，使我能够快速地搭建本书所需要的实验环境。

前 言

几个月前和老同学聚餐，席间有位经理说，“最近招了个不错的工程师，居然懂Wireshark。”我刚想科普一下Wireshark是什么，就听见另一位表示羡慕，说自己也在寻觅这样的人才。这时候我才意识到，原来Wireshark的市场需求已经这么大了。

当然，对我这样的Wireshark老粉丝来说，也不会感到很意外。随着互联网的井喷式发展，现代人的生活越来越依赖于网络，很多人开玩笑说WiFi也要列入马斯洛需求模型的最底层了。从事网络工作的技术人员自然也承受着从未有过的压力，比如每次促销对于电商都是极大的考验。而Wireshark正好是解决网络问题的利器，当我们透过它来看网络时，看到的不再是没有意义的“0”和“1”，而是人人都能理解的语句；由于它支持成百上千的协议，所以我们几乎可以看到网络上的一切，解决起问题自然也更得心应手。不久前我为一家电商做过系统调优，就是基于Wireshark的分析结果。

这便是我决定写作本书的原因，这么好的工具应该为更多人所用。本书先带你认识Wireshark，学会使用它的技巧；然后利用Wireshark剖析一些常用的网络协议，相信有一些是你所需要的；最后分享了我用Wireshark处理过的几个经典案例，希望对你的工作有所帮助，能起到举一反三的效果。

本书组织结构

有别于网络教材，本书并不从TCP/IP的底层讲到顶层，而是采用了从简单到复杂的顺序。全书共分为3部分。

第1部分“初试锋芒”，先从一道经典的面试题讲起，带你体验Wireshark的魅力。接下来两篇是简单的应用实例，分析了服务器失去连接的原因，以及Excel程序保存文件的过程。再往下就是该部分最有价值的文章——“你一定会喜欢的技巧”，分享了很多实用窍门。最后的两篇小文章无关技术，分别讲述了Wireshark的前世今生和一位网络高手的故事。这一部分内容相对简单，可以较快阅读。

第 2 部分“庖丁解牛”，用 Wireshark 剖析了很多协议，比如 DNS、TCP、FTP、HTTP 和 NFS 等。有些协议非常复杂，比如用于身份认证的 Kerberos，建议读者学习此类内容时放慢阅读速度，仔细领略其分析技巧。好在应用层协议相对独立，所以当你遇到一个不感兴趣的协议时，直接跳过也无妨。也有些协议相对简单，比如 DNS，可能书中的内容你本来就懂了。不过再简单的协议也有值得研究之处，比如你之前可能没有意识到，DNS 查询在基于 TCP 时效率有多低。这一部分还介绍了 Linux 和 Windows 上的一些小 bug，它们居然在最流行的操作系统上存在了多年而没有被发现。总体而言，这一部分的内容庞杂繁复，需要读者花费最多的时间来阅读。

第 3 部分“举重若轻”，分享了一些用 Wireshark 解决的真实案例，其中大部分是关于性能的，因为性能问题最为棘手。研究这些案例不一定对工作有直接帮助，因为遇到相同症状的概率不高，但是用 Wireshark 解决问题的思路都是相通的，相信读者可以起到触类旁通的效果。我们也许可以在几个小时里学会使用 Wireshark 软件，在几天里学会一个协议，但是思路的养成却需要经年累月的锻炼。最隐蔽的问题往往在网络包中看不到蛛丝马迹，我们不得不用推理、联想甚至发散的思维来寻找原因。希望通过这些案例，有助于读者们形成这种思维习惯。

本书每部分的结尾都有一篇非技术文章，它或者是行业趣闻，或者是本人的工作感触，希望能增加读者的阅读乐趣。

你想知道的一些问题

1. Wireshark 是什么？

Wireshark 是最流行的网络嗅探器之一，能在多种平台上抓取和分析网络包，比如 Windows、Linux 和 Mac 等。它的图形界面非常友好，但如果你觉得鼠标操作不够有腔调，也可以使用它的命令行形式——TShark。

2. 学习 Wireshark 有何意义？

很显然，Wireshark 并不能帮我们变成网络新贵，但它对技术上有所追求的工程师来说，有着金钱难以衡量的价值。用它来辅助学习，可以更深入地理解网络协议；用它来排查故障，可以更快地发现问题。假如你是团队中唯一掌握 Wireshark 的网络工程师，这个看家本领非常有助于你保持大牛地位。在同事们手足无措时，你可以用最快的速度摆平，然后平静地说一句："问题解决了，我先去泡杯咖啡。"接下来就可以离开座位，让他们一脸崇拜地研究你满是 TShark 命令的屏幕了。

3. 为什么要写作本书？

Wireshark 本身是免费的，在我们心存感激的同时，也注意到一些需要花大钱的地方——Wireshark University 的 5 天培训费为 3395 美金，而且没有在中国开课。对于大多数中国工程师来说，唯一的途径就是自学，这便是我写作本书的原因。

与其他网络图书不同，本书舍弃了公式和协议的条条框框，借助 Wireshark 直观地显示网络细节，让原本拒人千里的协议鲜活地呈现出来。你只需稍加思考，相信很多原来的难点都可以迎刃而解。书中用 Wireshark 解决的几个问题，也全部源于真实案例，很可能会在工作中遇到。

4. 本书适合哪些读者？

如果你是公司 IT 门部的老好人，常常有同事咨询各种疑难杂症，那你适合阅读本书。从 ping 不通主机到访问不了共享目录，都有活生生的例子，比如第 1 部分的《从一道面试题开始说起》和《初试牛刀：一个简单的应用实例》。

如果你是技术支持工程师，每天被客户当作出气筒，本书简直就是为你而作。下次就发个 Wireshark 截屏给客户，"看，明明是你们自己的 VLAN 配错了，当然连不上！"

如果你是数据中心的管理员，不时要跟习惯推卸责任的网管吵架，也请阅读本书。它将演示如何通过抓到的包推出网络状况，甚至算出 TCP 拥塞窗口。如果那些网管员问你是怎么算的，你只需低调地掏出本书，让他们看到发黄的纸张和印着咖啡渍的封面即可。

如果你在现场实施项目，常被好客的甲方挽留到深夜，请携带本书。本出第 3 部分的几篇现场调优案例，说不定会给你带来共鸣。

如果你是高校网络相关专业的一名伟大的人民教师，常因准备课件而发愁，也建议参考本书。上课时打开 Wireshark，也许比精美的课件更受学生欢迎。

其他职业的读者请酌情参考上面内容。但如果你是一名神秘的黑客，我不得不直言相告：虽然 Wireshark 能解析网络包，却不能帮你在肉鸡上抓包，所以本书作用有限。虽然《首席信息安全官必须知道的五大黑客工具》之类的高大上文章会把 Wireshark 列进黑客软件，但是众所周知，头衔上包含“首席”二字的人已经不会亲自使用这些工具。

5. 阅读本书需要什么基础？

要想阅读本书，你需要具备基本的网络知识，比如在学校里上过网络课，或者学习过 CCNA 的培训资料。对于缺乏网络基础的 Wireshark 用户，建议先阅读一本较成系统的教材，个人推荐 Richard Stevens 的《TCP/IP 详解卷 1：协议》。搭上《颈椎病防治一本通》也许还能免运费，前一本有助于你更快地学会 Wireshark，后一本则能在学会 Wireshark 之后治疗职业病。

由于本书涵盖了很多协议，所以每位读者都可能会遇到完全陌生的内容。好在大多协议都相对独立，所以实在看不懂的部分也可以跳过。举个例子，假如你的工作与 Kerberos 毫无关系，那么看不懂也没必要强求，毕竟学起来颇费心血。

6. 对阅读本书有何建议？

本书有别于大部头的网络百科全书，所以无论你在车上还是如厕时皆可轻松阅读。但有部分内容可能需要你放慢速度，甚至多读几遍才能理解。有个实验环境是最好的，可以自己抓些网络包对照学习。技术类知识就是这样，如果你从最简单的地方开始动手操作，接下来就如鱼得水；如果从一开始只依靠冥想，到后面就会走火入魔。

7. 还有什么要对读者说的？

我心目中一本好的技术图书应该是内容准确，表达通俗，容易理解的，本书也尽量追求这几点（相信本书也做到了）。

为了保证内容的准确性，我邀请了一位 Windows 技术支持、一位网络存储工程师、两位经验丰富的 CCIE 审阅了初稿的大部分文章。如此兴师动众，是因为同时精通 NFS、Kerberos 和 TCP 等协议的工程师并不多见。即便这样，本书仍可能存在纰漏。如果你在阅读过程中发现了任何问题，欢迎反馈到本人邮箱 linpeiman@hotmail.com。

在通俗与精确之间，本书选择了前者。比如“抓包（packet）”一词本身就不够精确，Wireshark 抓到的应该是帧（frame）。但是出于表达习惯，我并没有改成“抓帧”。又比如对同一个网络分层的称呼，工程师们也有不同的习惯，希望读者能够接受这些“混乱”。

容易理解是最难做到的一点。传说白居易写完一首诗，必定先请不识字的老太婆品鉴，一直要修改到老太婆听懂为止。本书的初稿也邀请了我家的“老太婆”进行试读，基本上她看懂后才敢交稿。当然我家这位“老太婆”在本科阶段学习过网络课程。我有时会在书中用图表、类比和 Wireshark 等方式来反复解释同一知识点，就是为了辅助理解。如果让部分读者感到啰嗦，先在此表示歉意。

目　录

目　录

初试锋芒

1

从一道面试题开始说起

我每次当面试官，都要伪装成无所不知的大牛。

这当然是无奈的选择——现在每封简历都那么耀眼，不装一下简直镇不住场面。比如尚未毕业的本科生，早就拿下 CCIE 认证；留欧两年的海归，已然精通英、法、德三门外语；最厉害的一位应聘者，研究生阶段就在国际上首次提出了计算机和生物学的跨界理论……可怜我这个老实人在一开场还能装装，到了技术环节就忍不住提问基础知识，一下子把气氛从学术殿堂拉到建筑工地。不过就是这些最基础的问题，却常常把简历精英们难住。本文要介绍的便是其中的一道。

问题：两台服务器 A 和 B 的网络配置如下（见图 1），B 的子网掩码本应该是 255.255.255.0，被不小心配成了 255.255.255.224。它们还能正常通信吗？

服务器 A：　　　　　　　　服务器 B：

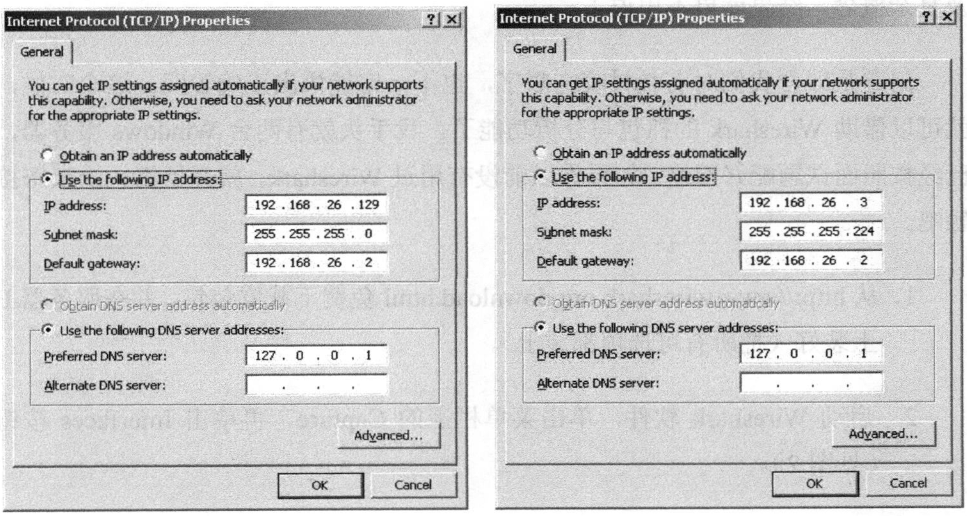

图 1

很多应聘者都会沉思良久（他们一定在心里把我骂了很多遍了），然后给出下面这些形形色色的答案。

答案 1：“A 和 B 不能通信，因为……如果这样都行的话，子网掩码还有什么用？”（这位的反证法听上去很有道理！）

答案 2：“A 和 B 能通信，因为它们可以通过 ARP 广播获得对方的 MAC 地址。”（那子网掩码还有什么用？楼上的反证法用来反驳这位正好。）

答案 3：“A 和 B 能通信，但所有包都要通过默认网关 192.168.26.2 转发。”（请问这么复杂的结果你是怎么想到的？）

答案 4：“A 和 B 不能通信，因为 ARP 不能跨子网。”（这个答案听上去真像是经过认真思考的。）

以上哪个答案是正确的？还是都不正确？如果这是你第一次听到这道题，不妨停下来思考一下。

真相只有一个，应聘者的答案却是五花八门。可见对网络概念的理解不容含糊，否则差之毫厘，谬以千里。要知道，这还只是基本的路由交换知识，假如涉及复杂概念，结果就更不用说了。

问题是即便我们对着教材咬文嚼字，也不一定能悟出正确答案。这个时候，就可以借助 Wireshark 的抓包与分析功能了。我手头就有两台 Windows 服务器，已经按照面试题配好网络。如果你以前没有用过 Wireshark，就开始第一次亲密接触吧。

1. 从 http://www.wireshark.org/download.html 免费下载安装包，并在服务器 B 上装好（把所有可选项都装上）。

2. 启动 Wireshark 软件，单击菜单栏上的 Capture，再单击 Interfaces 按钮（见图 2）。

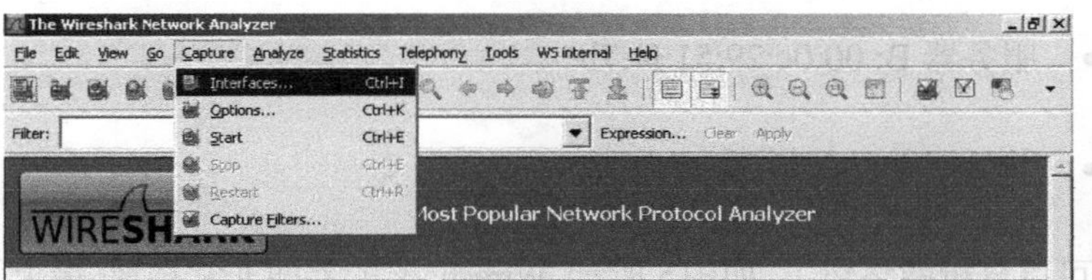

图 2

3. 服务器 B 上的所有网卡都会显示在弹出的新窗口上（见图 3），在要抓包的网卡上单击 Start 按钮。

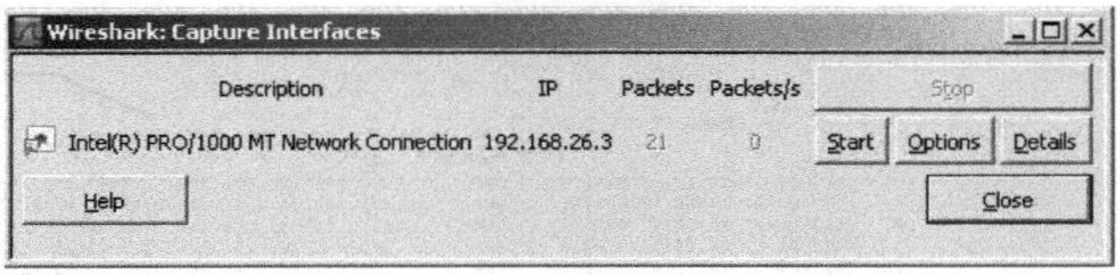

图 3

4. 在服务器 B 上 ping A 的 IP 地址，结果是通的（见图 4）。该操作产生的网络包已经被 Wireshark 捕获。

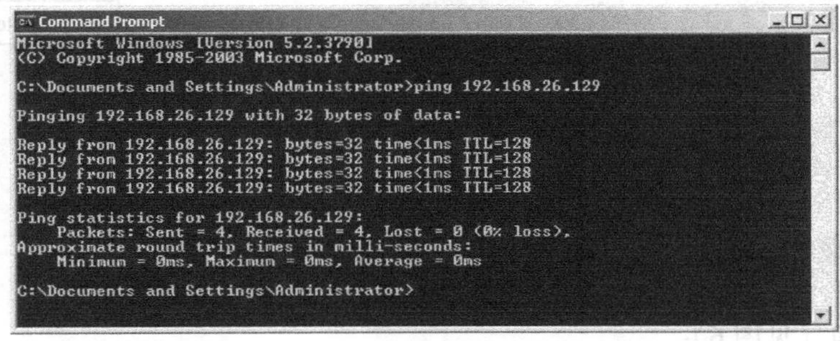

```
Microsoft Windows [Version 5.2.3790]
(C) Copyright 1985-2003 Microsoft Corp.

C:\Documents and Settings\Administrator>ping 192.168.26.129

Pinging 192.168.26.129 with 32 bytes of data:

Reply from 192.168.26.129: bytes=32 time<1ms TTL=128
Reply from 192.168.26.129: bytes=32 time<1ms TTL=128
Reply from 192.168.26.129: bytes=32 time<1ms TTL=128
Reply from 192.168.26.129: bytes=32 time<1ms TTL=128

Ping statistics for 192.168.26.129:
    Packets: Sent = 4, Received = 4, Lost = 0 (0% loss),
Approximate round trip times in milli-seconds:
    Minimum = 0ms, Maximum = 0ms, Average = 0ms

C:\Documents and Settings\Administrator>
```

图 4

5. 在 Wireshark 的菜单栏上，再次单击 Capture，然后单击 Stop。

6. 在 Wireshark 的菜单栏上，单击 File，再单击 Save，把网络包保存到硬盘上（这一步并非必需，但存档是个好习惯）。

7. 收集每台设备的 MAC 地址以备分析。

- 服务器 A: 00:0c:29:0c:22:10

- 服务器 B: 00:0c:29:51:f1:7b
- 默认网关: 00:50:56:e7:2f:88

现在可以分析网络包了。如图 5 所示，Wireshark 的界面非常直观。最上面是 Packet List 窗口，它列出了所有网络包。在 Packet List 中选定的网络包会详细地显示在中间的 Packet Details 窗口中。由于我在 Packet List 中选定的是 3 号包，所以图 5 中看到的就是 Frame 3 的详情。最底下是 Packet Bytes Details 窗口，我们一般不会用到它。

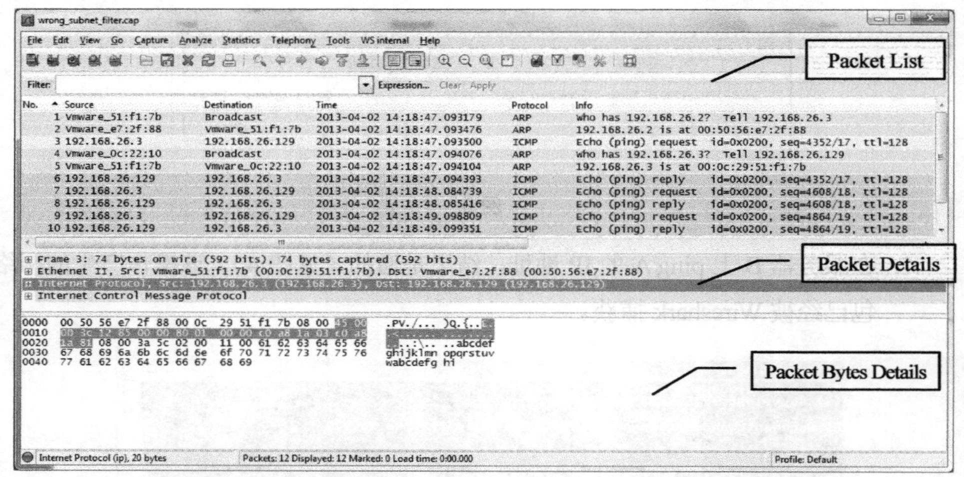

图 5

接下来看看每个包都做了些什么。

1 号包（见图 6）：

```
No. ▲ Source           Destination   Time                        Protocol  Info
    1 Vmware_51:f1:7b  Broadcast     2013-04-02 14:18:47.093179  ARP       Who has 192.168.26.2?  Tell 192.168.26.3

⊞ Frame 1: 42 bytes on wire (336 bits), 42 bytes captured (336 bits)
⊞ Ethernet II, Src: Vmware_51:f1:7b (00:0c:29:51:f1:7b), Dst: Broadcast (ff:ff:ff:ff:ff:ff)
⊞ Address Resolution Protocol (request)
```

图 6

服务器 B 通过 ARP 广播查询默认网关 192.168.26.2 的 MAC 地址。为什么我 ping 的是服务器 A 的 IP，B 却去查询默认网关的 MAC 地址呢？这是因为 B 根据自己的子网掩码，计算出 A 属于不同子网，跨子网通信需要默认网关的转发。而要和默认网关通信，就需要获得其 MAC 地址。

2 号包（见图 7）：

```
No. ▲ Source          Destination      Time                        Protocol Info
    2 Vmware_e7:2f:88 Vmware_51:f1:7b  2013-04-02 14:18:47.093476  ARP      192.168.26.2 is at 00:50:56:e7:2f:88

⊞ Frame 2: 60 bytes on wire (480 bits), 60 bytes captured (480 bits)
⊞ Ethernet II, Src: Vmware_e7:2f:88 (00:50:56:e7:2f:88), Dst: Vmware_51:f1:7b (00:0c:29:51:f1:7b)
⊞ Address Resolution Protocol (reply)
```

图 7

默认网关 192.168.26.2 向 B 回复了自己的 MAC 地址。为什么这些 MAC 地址的开头明明是“00:50:56”或者“00:0c:29”，Wireshark 上显示出来却都是“Vmware”？这是因为 MAC 地址的前 3 个字节表示厂商。而 00:50:56 和 00:0c:29 都被分配给 Vmware 公司。这是全球统一的标准，所以 Wireshark 干脆显示出厂商名了。

3 号包（见图 8）：

```
No. ▲ Source        Destination     Time                        Protocol Info
    3 192.168.26.3  192.168.26.129  2013-04-02 14:18:47.093500  ICMP     Echo (ping) request  id=0x0200, seq=4352/17, ttl=128

⊞ Frame 3: 74 bytes on wire (592 bits), 74 bytes captured (592 bits)
⊞ Ethernet II, Src: Vmware_51:f1:7b (00:0c:29:51:f1:7b), Dst: Vmware_e7:2f:88 (00:50:56:e7:2f:88)
⊞ Internet Protocol, Src: 192.168.26.3 (192.168.26.3), Dst: 192.168.26.129 (192.168.26.129)
⊞ Internet Control Message Protocol
```

图 8

B 发出 ping 包，指定 Destination IP 为 A，即 192.168.26.129。但 Destination MAC 却是默认网关的 00:50:56:e7:2f:88（Destination MAC 可以在图 8 中的 Packet Details 中看到）。这表明 B 希望默认网关把包转发给 A。至于默认网关有没有转发，我们目前无从得知，除非在网关上也抓个包。

4 号包（见图 9）：

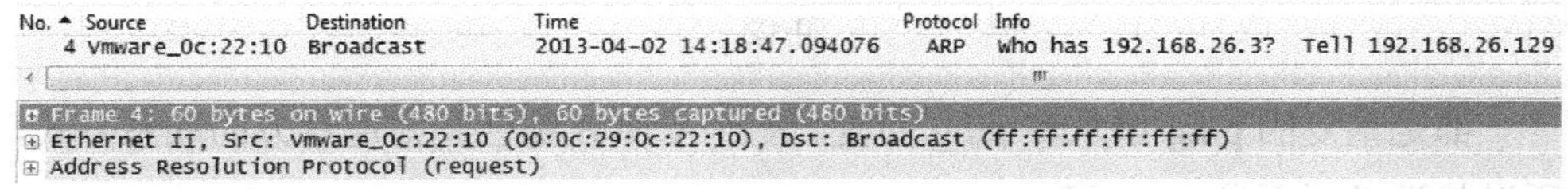

```
No. ▲ Source          Destination  Time                        Protocol Info
    4 Vmware_0c:22:10 Broadcast    2013-04-02 14:18:47.094076  ARP      Who has 192.168.26.3?  Tell 192.168.26.129

⊞ Frame 4: 60 bytes on wire (480 bits), 60 bytes captured (480 bits)
⊞ Ethernet II, Src: Vmware_0c:22:10 (00:0c:29:0c:22:10), Dst: Broadcast (ff:ff:ff:ff:ff:ff)
⊞ Address Resolution Protocol (request)
```

图 9

B 收到了 A 发出的 ARP 广播，这个广播查询的是 B 的 MAC 地址。这是因为在 A 看来，B 属于相同子网，同子网通信无需默认网关的参与，只要通过 ARP 获得对方 MAC 地址就行了。这个包也表明默认网关成功地把 B 发出的 ping 请求转发给 A 了，否则 A 不会无缘无故尝试和 B 通信。

5 号包（见图 10）：

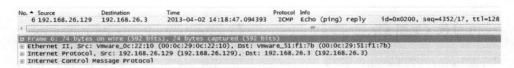

```
No. ▲ Source            Destination       Time                          Protocol Info
    5 Vmware_51:f1:7b   Vmware_0c:22:10   2013-04-02 14:18:47.094104    ARP      192.168.26.3 is at 00:0c:29:51:f1:7b

⊞ Frame 5: 42 bytes on wire (336 bits), 42 bytes captured (336 bits)
⊞ Ethernet II, Src: Vmware_51:f1:7b (00:0c:29:51:f1:7b), Dst: Vmware_0c:22:10 (00:0c:29:0c:22:10)
⊞ Address Resolution Protocol (reply)
```

图 10

B 回复了 A 的 ARP 请求，把自己的 MAC 地址告诉 A。这说明 B 在执行 ARP 回复时并不考虑子网。虽然 ARP 请求来自其他子网的 IP，但也照样回复。

6 号包（见图 11）：

```
No. ▲ Source           Destination     Time                         Protocol Info
    6 192.168.26.129   192.168.26.3    2013-04-02 14:18:47.094393   ICMP     Echo (ping) reply    id=0x0200, seq=4352/17, ttl=128

⊞ Frame 6: 74 bytes on wire (592 bits), 74 bytes captured (592 bits)
⊞ Ethernet II, Src: Vmware_0c:22:10 (00:0c:29:0c:22:10), Dst: Vmware_51:f1:7b (00:0c:29:51:f1:7b)
⊞ Internet Protocol, Src: 192.168.26.129 (192.168.26.129), Dst: 192.168.26.3 (192.168.26.3)
⊞ Internet Control Message Protocol
```

图 11

B 终于收到了 A 的 ping 回复。从 MAC 地址 00:0c:29:0c:22:10 可以看出，这个包是从 A 直接过来的，而不是通过默认网关的转发。

7、8、9、10 号包（见图 12）：

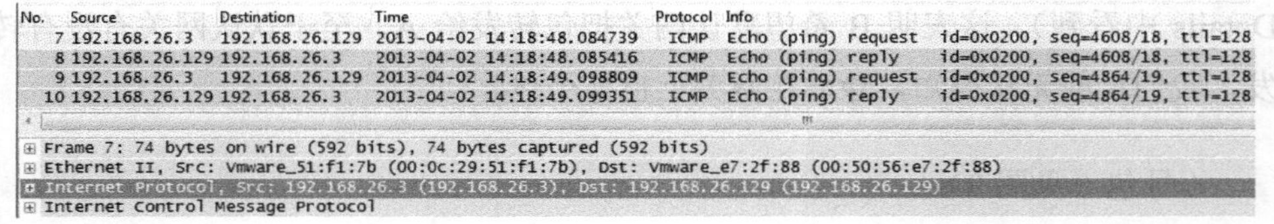

```
No. Source           Destination      Time                         Protocol Info
  7 192.168.26.3     192.168.26.129   2013-04-02 14:18:48.084739   ICMP     Echo (ping) request  id=0x0200, seq=4608/18, ttl=128
  8 192.168.26.129   192.168.26.3     2013-04-02 14:18:48.085416   ICMP     Echo (ping) reply    id=0x0200, seq=4608/18, ttl=128
  9 192.168.26.3     192.168.26.129   2013-04-02 14:18:49.098809   ICMP     Echo (ping) request  id=0x0200, seq=4864/19, ttl=128
 10 192.168.26.129   192.168.26.3     2013-04-02 14:18:49.099351   ICMP     Echo (ping) reply    id=0x0200, seq=4864/19, ttl=128

⊞ Frame 7: 74 bytes on wire (592 bits), 74 bytes captured (592 bits)
⊞ Ethernet II, Src: Vmware_51:f1:7b (00:0c:29:51:f1:7b), Dst: Vmware_e7:2f:88 (00:50:56:e7:2f:88)
⊞ Internet Protocol, Src: 192.168.26.3 (192.168.26.3), Dst: 192.168.26.129 (192.168.26.129)
⊞ Internet Control Message Protocol
```

图 12

都是重复的 ping 请求和 ping 回复。因为 A 和 B 都已经知道对方的联系方式，所以就没必要再发 ARP 了。

分析完这几个包，答案出来了。原来通信过程是这样的：B 先把 ping 请求交给默认网关，默认网关再转发给 A。而 A 收到请求后直接把 ping 回复给 B，形成图 13 所示的三角形环路。不知道你答对了吗？

通过这道题，不知道你是否已经感受到了 Wireshark 的神奇？如果有兴趣进一步练习，不妨也搭个环境，把这道题里 A 和 B 的掩码互换一下。看看这次还能 ping 通吗？如果不能，原因又在哪里？

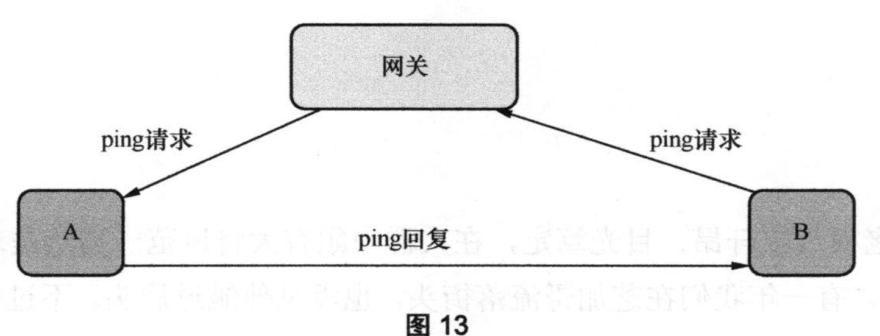

图 13

其实做题对 Wireshark 只是大材小用，它还可以用于学习复杂的协议，或者解决隐蔽的难题。在下文中，我们将体验 Wireshark 在实际工作中的应用。

小试牛刀：一个简单的应用实例

我的老板气宇轩昂，目光笃定，在人群中颇有大将风范（当然是老板娘不在场的时候）。有一年我们在芝加哥流落街头，也没见他皱过眉头。不过前几天，这位气场型领导竟然板着脸跑过来，说赶紧帮忙，有位同事被客户骂惨了。我当然不能拒绝帮（yao）助（qiu）同（jia）事（xin）的机会，立即加入电话会议。

原来事情是这样的：客户不小心重启了服务器 A，然后它就再也无法和服务器 B 通信了。由于这两台服务器之间传输的是关键数据，现场工程师又一时查不出原因，所以客户异常恼火。

问题听起来并不复杂，考虑到起因是服务器 A 的重启，所以我收集了它的网络配置（见图 1）。

```
[root@A ~]# ifconfig |egrep "HWaddr|inet addr"
eth0      Link encap:Ethernet  HWaddr 00:0C:29:CB:74:A9
          inet addr:192.168.26.131  Bcast:192.168.26.255  Mask:255.255.255.0
eth1      Link encap:Ethernet  HWaddr 00:0C:29:CB:74:B3
          inet addr:192.168.174.131  Bcast:192.168.174.255  Mask:255.255.255.0
eth2      Link encap:Ethernet  HWaddr 00:0C:29:CB:74:BD
          inet addr:192.168.186.131  Bcast:192.168.186.255  Mask:255.255.255.0
[root@A ~]# route |grep default
default         192.168.26.2    255.255.255.0   UG    0      0      0 eth0
```

图 1

服务器 B 的网络配置则简单很多，只有一个 IP 地址 192.168.182.131，子网掩码也是 255.255.255.0。

当我们在 A 上 ping B 时，网络包应该怎么走？阅读以下内容之前，读者不妨先停下来思考一下。

一般情况下，像 A 这类多 IP 的服务器是这样配路由的：假如自身有一个 IP 和对方在同一子网，就从这个 IP 直接发包给对方。假如没有一个 IP 和对方同子网，就走默认网关。在这个环境中，A 的 3 个 IP 显然都与 B 属于不同子网，那就应该走默认网关了。会不会是 A 和默认网关的通信出问题了呢？我从 A 上 ping 了一下网关，结果却是通的。难道是因为网关没有把包转发出去？或者是 ping 请求已经被转发到 B 了，但 ping 回复在路上丢失？我感觉自己已经走进死胡同。每当到了这个时候，我就会想到最值得信赖的队友——Wireshark。

我分别在 eth0、eth1、和 eth2 上抓了包。最先查看的是连接默认网关的 eth0，出乎意料的是，上面竟然一个相关网络包都没有。而在 eth1 上抓的包却是图 2 的表现: A 正通过 ARP 广播查找 B（192.168.182.131）的 MAC 地址，试图绕过默认网关直接与 B 通信。这说明了什么问题呢？

tcpdumpfilter.cap

File Edit View Go Capture Analyze Statistics Telephony Tools WS internal Help

Filter: Expression... Clear Apply

No.	Source	Destination	Time	Protocol	Info
1	Vmware_cb:74:b3	Broadcast	2013-05-27 17:16:33.514361	ARP	Who has 192.168.182.131? Tell 192.168.174.131
2	Vmware_cb:74:b3	Broadcast	2013-05-27 17:16:34.515629	ARP	Who has 192.168.182.131? Tell 192.168.174.131
3	Vmware_cb:74:b3	Broadcast	2013-05-27 17:16:35.515602	ARP	Who has 192.168.182.131? Tell 192.168.174.131
4	Vmware_cb:74:b3	Broadcast	2013-05-27 17:16:36.528027	ARP	Who has 192.168.182.131? Tell 192.168.174.131
5	Vmware_cb:74:b3	Broadcast	2013-05-27 17:16:37.528051	ARP	Who has 192.168.182.131? Tell 192.168.174.131
6	Vmware_cb:74:b3	Broadcast	2013-05-27 17:16:38.528229	ARP	Who has 192.168.182.131? Tell 192.168.174.131

```
Frame 1: 42 bytes on wire (336 bits), 42 bytes captured (336 bits)
Ethernet II, Src: Vmware_cb:74:b3 (00:0c:29:cb:74:b3), Dst: Broadcast (ff:ff:ff:ff:ff:ff)
Address Resolution Protocol (request)
```

图 2

这说明 A 上存在一项符合 192.168.182.131 的路由，促使 A 通过 eth1 直接与 B 通信。我赶紧逐项检查路由表，果然发现有这么一项（见图 3）：

```
[root@A ~]# route |egrep "Dest|168.182"
Destination     Gateway         Genmask         Flags Metric Ref    Use Iface
192.168.182.0   *               255.255.255.0   U     0      0        0 eth1
```

图 3

因为 192.168.182.131 属于 192.168.182.0/255.255.255.0，所以就会走这条路由。由于不同子网所配的 VLAN 也不同，所以这些 ARP 请求根本到达不了 B。ping

包就更不用说了，它从来就没发出来过。客户赶紧删除了这条路由，两台服务器的通信也随即恢复。

为什么 A 重启之后会多了这条莫名其妙的路由呢？根据客户回忆，他们以前的确是配过该路由的，后来删掉了，不知道为什么配置文件里还留着。今天的重启加载了一遍配置文件，所以这条路由又出现了。你也许会问，为什么不从一开始就仔细检查路由表呢？这样就不至于走错胡同，连抓包和 Wireshark 都省了。我当时也是这样反省的，但现实中要做到并不容易。且不说一开始并没有怀疑到路由表，就算怀疑了也不一定能看出问题来。在这个案例中，系统管理员和现场工程师都检查过路由表，但无一例外地忽略了出问题的一项。这是因为真实环境中的路由表有很多项，在紧张的电话会议上难以注意到多出了异常的一项。而且子网掩码也不是 255.255.255.0 那么直观。假如本文所用的 IP 保持不变，但子网掩码变成 255.255.248.0，路由表就成了图 4 所示的样子。

```
[root@A ~]# netstat -rn
Kernel IP routing table
Destination     Gateway         Genmask         Flags   MSS Window  irtt Iface
192.168.168.0   0.0.0.0         255.255.248.0   U         0 0          0 eth1
192.168.176.0   0.0.0.0         255.255.248.0   U         0 0          0 eth1
192.168.184.0   0.0.0.0         255.255.248.0   U         0 0          0 eth2
192.168.24.0    0.0.0.0         255.255.248.0   U         0 0          0 eth0
```

图 4

在这个输出中，难以一眼注意到 192.168.176.0 就适用于目标地址 192.168.182.131，至少对我来说是这样的。

我们能从这个案例中学习到什么呢？最直接的启示便是翻出简历，投奔甲方去。这样就可以在搞砸系统的时候，义正词严地要求乙方解决了。假如你固执地想继续当乙方，那就开始学习 Wireshark 吧。再有经验的工程师也有犯迷糊的时候，而 Wireshark 从来不会，它随时随地都能告诉你真相，不偏不倚。

Excel 文件的保存过程

当我们在 Notepad 等文本编辑器上单击 File-->Save 的时候，底层的操作非常简单——编辑器上的内容被直接写入文件了（见图 1）。假如这个文件是被保存到了网络盘上，我们就可以从 Wireshark 抓包上看到这个过程（见图 2）。

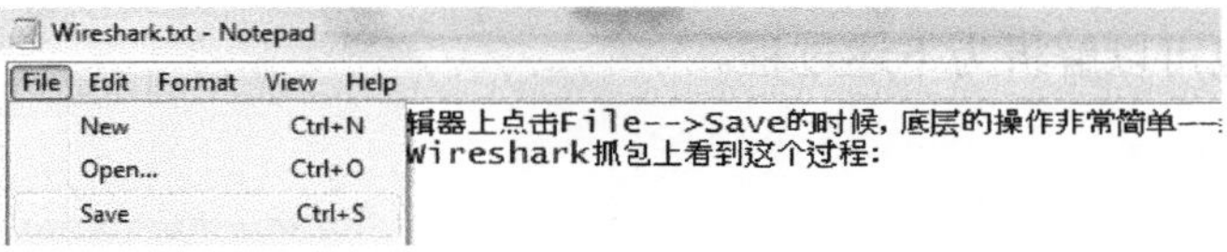

Wireshark.txt - Notepad

File Edit Format View Help

New Ctrl+N

Open... Ctrl+O

Save Ctrl+S

辑器上点击File-->Save的时候，底层的操作非常简单——

Wireshark抓包上看到这个过程：

图 1

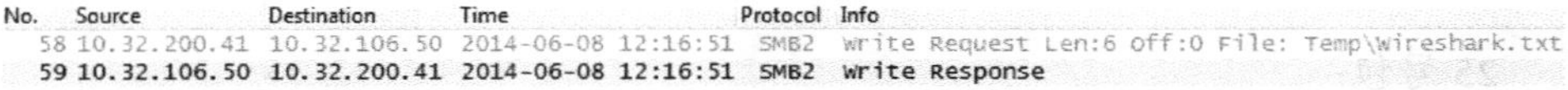

No.	Source	Destination	Time	Protocol	Info
58	10.32.200.41	10.32.106.50	2014-06-08 12:16:51	SMB2	Write Request Len:6 Off:0 File: Temp\Wireshark.txt
59	10.32.106.50	10.32.200.41	2014-06-08 12:16:51	SMB2	Write Response

图 2

包号 58：

客户端：“我要写 6 个字节到/Temp/wireshark.txt 中”。

包号 59：

服务器：“写好了。”

相比之下，微软 Office 保存文件的过程就没有这么简单了，所以微软的老用户都或多或少经历过保存文件时发生的问题。比如图 3 中的 Excel 提示信息就很常见，它说明该文件被占用，暂时保存不了。这样的问题在 Notepad 上是不会发生的。

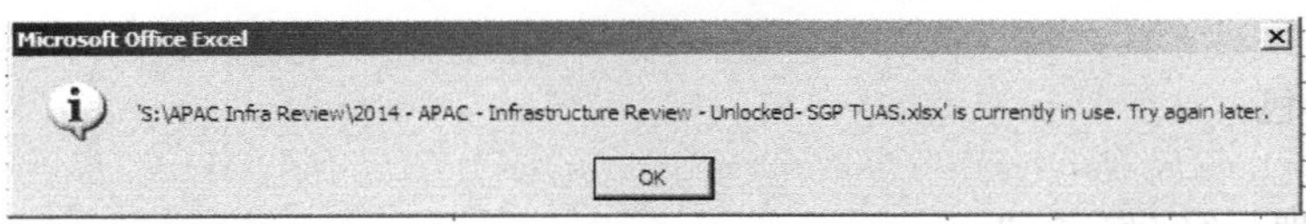
Microsoft Office Excel
'S:\APAC Infra Review\2014 - APAC - Infrastructure Review - Unlocked- SGP TUAS.xlsx' is currently in use. Try again later.
OK

图 3

那么，Excel 究竟是如何保存文件的呢？虽然我的手头没有微软的文档，但只要把文件保存到网络盘上，就可以借助 Wireshark 看到整个过程了。我在实验室中编辑了 Excel 文件“wireshark.xlsx”，然后在保存时抓了个包，我们一起来分析其中比较关键的几个步骤（见图 4）：

No.	Source	Destination	Time	Protocol	Info
24	10.32.200.41	10.32.106.50	2014-	SMB2	Create Request File: Temp\DCD652B.tmp
25	10.32.106.50	10.32.200.41	2014-	SMB2	Create Response, Error: STATUS_OBJECT_NAME_NOT_FOUND
26	10.32.200.41	10.32.106.50	2014-	SMB2	Create Request File: Temp\DCD652B.tmp
27	10.32.106.50	10.32.200.41	2014-	SMB2	Create Response File: Temp\DCD652B.tmp
38	10.32.200.41	10.32.106.50	2014-	SMB2	Write Request Len:8184 Off:0 File: Temp\DCD652B.tmp
42	10.32.106.50	10.32.200.41	2014-	SMB2	Write Response

图 4

这几个包可以解析为下述过程。

24 号包：

客户端：“/Temp 目录中存在一个叫 DCD652B.tmp 的文件吗？”

25 号包：

服务器：“不存在。”

26 号包：

客户端：“那我要创建一个叫 DCD652B.tmp 的文件。”

27 号包：

服务器：“建好了。”

38 号包：

客户端：“把 Excel 里的内容写到 DCD652B.tmp 里。”

42 号包：

服务器：“写好了。”

从以上过程可见，Excel 并没有直接把文件内容存到 wireshark.xlsx 上，而是存到一个叫 DCD652B.tmp 的临时文件上了。接下来再看（见图 5）。

No.	Source	Destination	Time	Protocol	Info
47	10.32.200.41	10.32.106.50	2014-06-08 13:01:02	SMB2	Create Request File: Temp\6AF04530.tmp
48	10.32.106.50	10.32.200.41	2014-06-08 13:01:02	SMB2	Create Response, Error: STATUS_OBJECT_NAME_NOT_FOUND

No.	Source	Destination	Time	Protocol	Info
97	10.32.200.41	10.32.106.50	2014-	SMB2	SetInfo Request FILE_INFO/SMB2_FILE_RENAME_INFO File: Temp\wireshark.xlsx NewName:Temp\6AF04530.tmp
98	10.32.106.50	10.32.200.41	2014-	SMB2	SetInfo Response

No.	Source	Destination	Time	Protocol	Info
103	10.32.200.41	10.32.106.50	2014-	SMB2	SetInfo Request FILE_INFO/SMB2_FILE_RENAME_INFO File: Temp\DCD652B.tmp NewName:Temp\wireshark.xlsx
104	10.32.106.50	10.32.200.41	2014-	SMB2	SetInfo Response

图 5

47 号包：

客户端：“/Temp 目录里存在一个叫 6AF04530.tmp 的文件吗？”

48 号包：

服务器：“不存在。”

97 号包：

客户端：“那好，把原来的 wireshark.xlsx 重命名成 6AF04530.tmp。”

98 号包：

服务器：“重命名完毕。”

103 号包：

客户端：“再把一开始那个临时文件 DCD652B.tmp 重命名成 wiresahrk.xlsx。”

104 号包：

服务器：“重命名完毕。”

从以上过程可知，原来的 wireshark.xlsx 被重命名成一个临时文件，叫 6AF04530.tmp。而之前创建的那个临时文件 DCD652B.tmp 又被重命名成 wireshark.xlsx。经过以上步骤之后，我们拥有一个包含新内容的 wireshark.xlsx，还有一个临时文件 6AF04530.tmp（也就是原来那个 wireshark.xlsx）。接着往下看，就发现 6AF04530.tmp 被删除了（见图 6）。

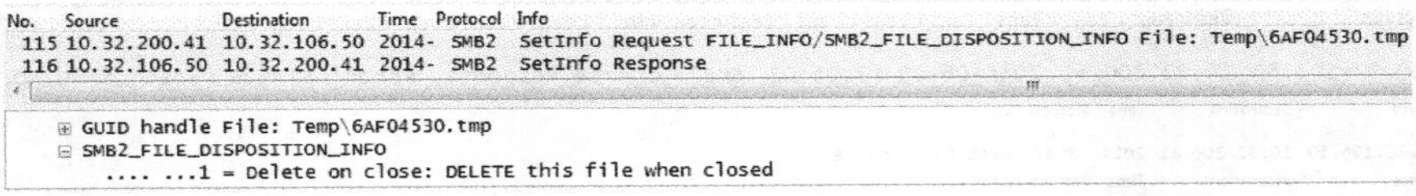

```
No.  Source        Destination   Time  Protocol Info
 115 10.32.200.41  10.32.106.50  2014-  SMB2   SetInfo Request FILE_INFO/SMB2_FILE_DISPOSITION_INFO File: Temp\6AF04530.tmp
 116 10.32.106.50  10.32.200.41  2014-  SMB2   SetInfo Response

⊞ GUID handle File: Temp\6AF04530.tmp
⊟ SMB2_FILE_DISPOSITION_INFO
    .... ...1 = Delete on close: DELETE this file when closed
```

图 6

微软把保存过程设计得如此复杂，自然是有很多好处的。不过复杂的设计往往伴随着更多出问题的概率，因为其中一步出错就意味着保存失败。比如上文提到的报错信息“…is currently in use. Try again later”，大多数时候的确是文件被占用才触发的，但也有时候是 Excel bug 或者杀毒软件导致的。无论出于何种原因，我们只有理解了保存时发生的细节，才可能探究到真相。

Wireshark 正是获得这些细节的通用法宝，任何经过网络所完成的操作，我们都可以从 Wireshark 中看到。有了这样的利器，还有多少问题能难住你？

你一定会喜欢的技巧

我开始学习 Wireshark 的时候，到处碰壁，差点就放弃了。那时最希望的是有前辈能指点迷津，可惜四处求教却鲜有收获。即便多年后的今天，网络上能找到的中文资料还是寥寥无几，少之又少。所以我总结了一些自认为称得上技巧的东西，希望能帮初学者少走一点弯路。

一、抓包

拿到一个网络包时，我们总是希望它尽可能小。因为操作一个大包相当费时，有时甚至会死机。如果让初学者分析 1GB 以上的包，估计会被打击得信心全无。所以抓包时应该尽量只抓必要的部分。有很多方法可以实现这一点。

1．只抓包头。一般能抓到的每个包（称为“帧”更准确，但是出于表达习惯，本书可能会经常用“包”代替“帧”和“分段”）的最大长度为 1514 字节，启用了 Jumbo Frame（巨型帧）之后可达 9000 字节以上，而大多数时候我们只需要 IP 头或者 TCP 头就足够分析了。在 Wireshark 上可以这样抓到包头：单击菜单栏上的 Capture-->Options，然后在弹出的窗口上定义“Limit each packet to”的值。我一般设个偏大的数字：80 字节，也就是说每个包只抓前 80 字节。这样 TCP 层、网络层和数据链路层的信息都可以包括在内（见图 1）。

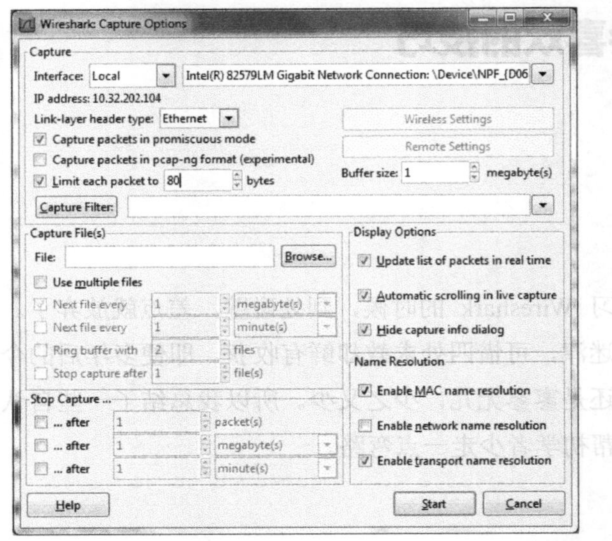

图 1

如果问题涉及应用层，就应该再加上应用层协议头的长度。如果你像我一样经常忘记不同协议头的长度，可以输入一个大点的值。即便设成 200 字节，也比 1514 字节小多了。

以上是使用 Wireshark 抓包时的建议。用 tcpdump 命令抓包时可以用“-s”参数达到相同效果。比如以下命令只抓 eth0 上每个包的前 80 字节，并把结果存到 /tmp/tcpdump.cap 文件中。

```
[root@server_1 /]# tcpdump -i eth0 -s 80 -w /tmp/tcpdump.cap
```

2. 只抓必要的包。服务器上的网络连接可能非常多，而我们只需要其中的一小部分。Wireshark 的 Capture Filter 可以在抓包时过滤掉不需要的包。比如在成百上千的网络连接中，我们只对 IP 为 10.32.200.131 的包感兴趣，那就可以在 Wireshark 上这样设置：单击菜单栏上的 Capture-->Options，然后在 Capture Filter 中输入“host 10.32.200.131”（见图 2）。

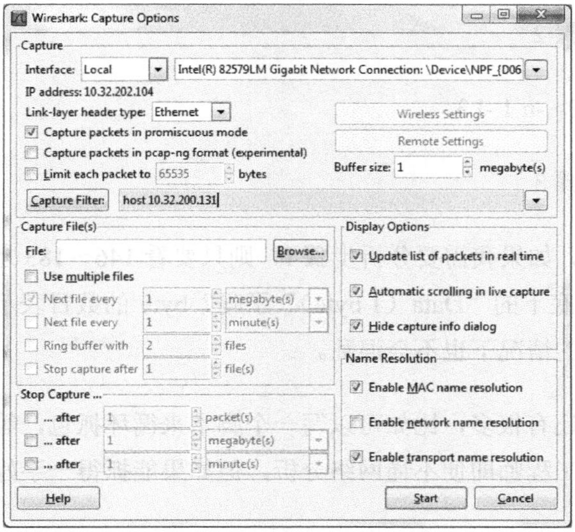

图2

如果对更多filter表达式感兴趣，请参考http://wiki.wireshark.org/CaptureFilters。

用 tcpdump 命令抓包时，也可以用“host”参数达到相同效果。比如以下命令只抓与10.32.200.131通信的包，并把结果存到/tmp/tcpdump.cap文件中。

```
[root@server_1 /]# tcpdump-i eth0 host 10.32.200.131-w /tmp/tcpdump.cap
```

注意：设置Capture Filter之前务必三思，以免把有用的包也过滤掉，尤其是容易被忽略的广播包。当然有时候再怎么考虑也会失算，比如我有一次把对方的IP地址设为filter，结果一个包都没抓到。最后只能去掉filter再抓，才发现是NAT（网络地址转换）设备把对方的IP地址改掉了。

抓的包除了要小，最好还能为每步操作打上标记。这样的包一目了然，赏心悦目。比如要在Windows上抓一个包含三步操作的问题，我会这样抓。

（1）ping <IP> -n 1 -l 1

（2）操作步骤1

（3）ping <IP> -n 1 -l 2

（4）操作步骤 2

（5）ping <IP> -n 1 -l 3

（6）操作步骤 3

如图 3 所示，如果我需要分析步骤 1，则只要看 146～183 之间的包即可。注意到 146 号包最底下的“Data（1 byte）”了吗？byte 的数目表示是第几步，这样就算在步骤很多的情况下也不会混乱。

抓包的技巧还有很多，比如可以写一个脚本来循环抓包，等侦察到某事件时自动停止。一位工程师即便不懂网络分析，但如果能抓得一手好包，也是一项很了不起的技能了。

```
Filter: icmp                              Expression... Clear Apply
No.  Source         Destination    Time                        Protocol Info
 145 10.32.202.104  10.32.106.173  2013-07-04 09:51:17.431478  ICMP     Echo (ping) request
 146 10.32.106.173  10.32.202.104  2013-07-04 09:51:17.432158  ICMP     Echo (ping) reply
 183 10.32.202.104  10.32.106.173  2013-07-04 09:51:22.940992  ICMP     Echo (ping) request
 184 10.32.106.173  10.32.202.104  2013-07-04 09:51:22.941829  ICMP     Echo (ping) reply
 192 10.32.202.104  10.32.106.173  2013-07-04 09:51:25.995789  ICMP     Echo (ping) request
 193 10.32.106.173  10.32.202.104  2013-07-04 09:51:25.996372  ICMP     Echo (ping) reply

⊞ Frame 146: 60 bytes on wire (480 bits), 60 bytes captured (480 bits)
⊞ Ethernet II, Src: Cisco_e3:a8:40 (ec:30:91:e3:a8:40), Dst: Dell_68:80:28 (5c:26:0a:68:80:28)
⊞ Internet Protocol, Src: 10.32.106.173 (10.32.106.173), Dst: 10.32.202.104 (10.32.202.104)
⊟ Internet Control Message Protocol
    Type: 0 (Echo (ping) reply)
    Code: 0
    Checksum: 0x9ed4 [correct]
    Identifier (BE): 1 (0x0001)
    Identifier (LE): 256 (0x0100)
    Sequence number (BE): 42 (0x002a)
    Sequence number (LE): 10752 (0x2a00)
  ⊞ Data (1 byte)
```

图 3

二、个性化设置

Wireshark 的默认设置堪称友好，但不同用户的从事领域和使用习惯各有不同，所以有时需要根据自己的情况对配置略作修改。

1．我经常需要参照服务器上的日志时间，找到发生问题时的网络包。所以就把 Wireshark 的时间调成跟服务器一样的格式。单击 Wireshark 的 View-->Time Display Format-->Date and Time of Day，就可以实现此设置（见图 4）。

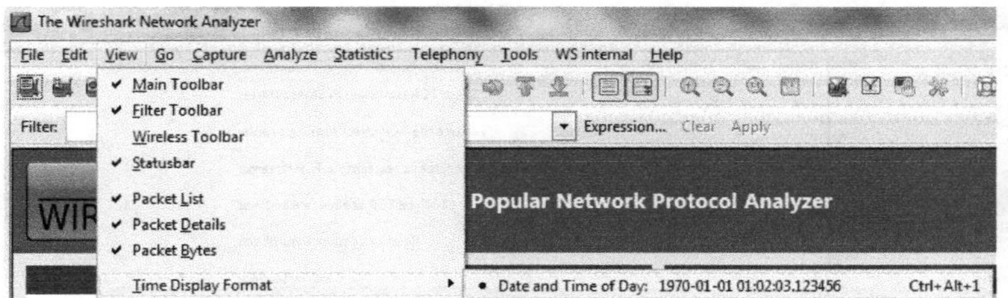

图 4

2．不同类型的网络包可以自定义颜色，比如网络管理员可能会把 OSPF 等协议或者与 Spanning Tree Protocol（生成树协议）相关的网络包设成最显眼的颜色。而文件服务器的管理员则更关心 FTP、SMB 和 NFS 协议的颜色。我们可以通过 View -->Coloring Rules 来设置颜色。如果同事已经有一套非常适合你工作内容的配色方案，可以请他从 Coloring Rules 窗口导出，然后导入到你的 Wireshark 里（见图 5）。记得下次和他吃饭时主动买单，要知道配一套养眼的颜色可要花不少时间。

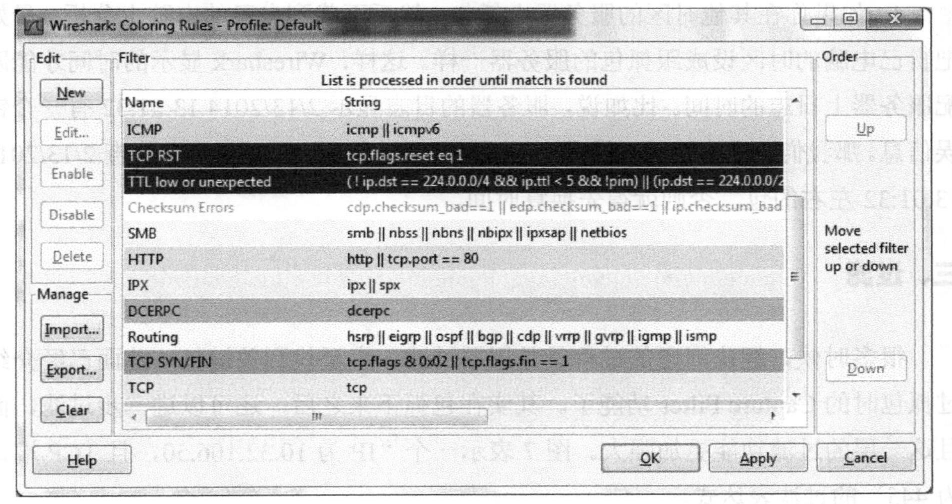

图 5

3．更多的设置可以在 Edit-->Preferences 窗口中完成。这个窗口的设置精度可以达到一些协议的细节。比如在此窗口单击 Protocols-->TCP 就可以看到多个 TCP 相关选项，将鼠标停在每一项上都会有详细介绍。假如经常要对 Sequence Number 做加减运算，不妨选中 Relative sequence numbers（见图 6），这样会使 Sequence number 看上去比实际小很多。

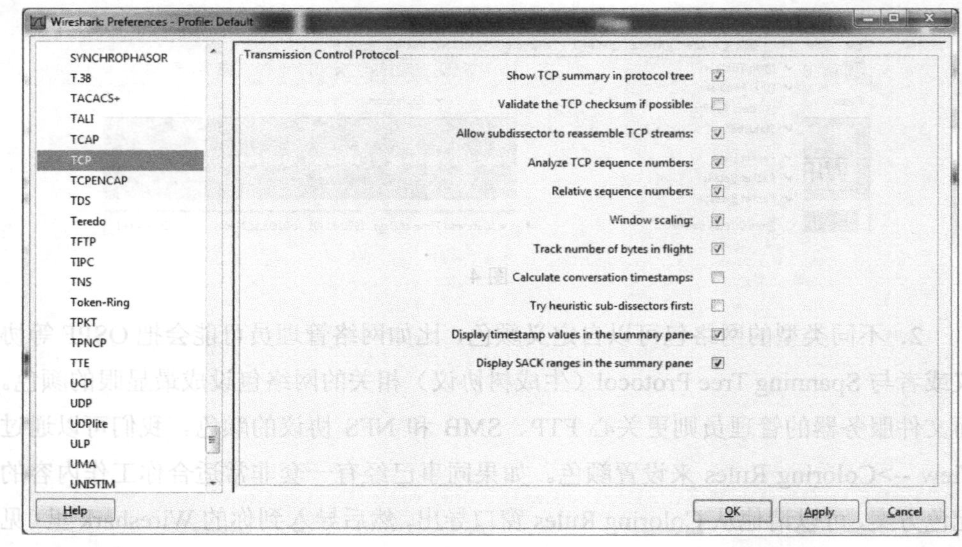

图 6

4. 如果你在其他时区的服务器上抓包，然后下载到自己的电脑上分析，最好把自己电脑的时区设成跟抓包的服务器一样。这样，Wireshark 显示的时间才能匹配服务器上日志的时间。比如说，服务器的日志显示 2/13/2014 13:01:32 有一个错误信息。那我们要在自己电脑上调整时区之后，才能到 Wireshark 上检查 2/13/2014 13:01:32 左右的包，否则就得先换算时间。

三、过滤

很多时候，解决问题的过程就是层层过滤，直至找到关键包。前面已经介绍过抓包时的 Capture Filter 功能了。其实在包抓下来之后，还可以进一步过滤，而且这一层的过滤功能更加强大。图 7 表示一个"IP 为 10.32.106.50，且 TCP 端口为 445"的过滤表达式。

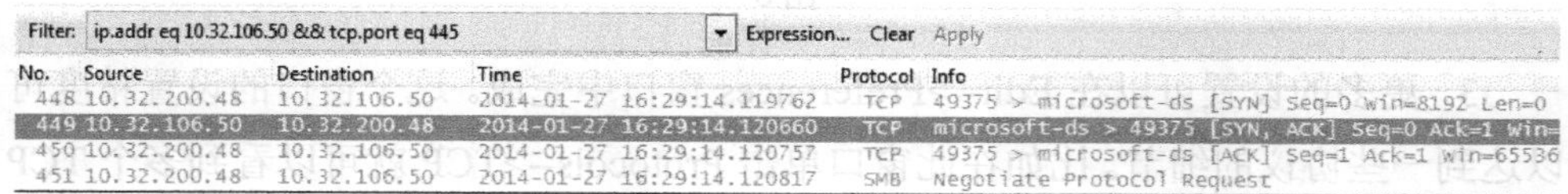
Filter: ip.addr eq 10.32.106.50 && tcp.port eq 445 | Expression... Clear Apply

No.	Source	Destination	Time	Protocol	Info
448	10.32.200.48	10.32.106.50	2014-01-27 16:29:14.119762	TCP	49375 > microsoft-ds [SYN] Seq=0 Win=8192 Len=0
449	10.32.106.50	10.32.200.48	2014-01-27 16:29:14.120660	TCP	microsoft-ds > 49375 [SYN, ACK] Seq=0 Ack=1 Win=
450	10.32.200.48	10.32.106.50	2014-01-27 16:29:14.120757	TCP	49375 > microsoft-ds [ACK] Seq=1 Ack=1 Win=65536
451	10.32.200.48	10.32.106.50	2014-01-27 16:29:14.120817	SMB	Negotiate Protocol Request

图 7

要说过滤的作用与技巧，就算专门写一本小册子都不为过。篇幅所限，本文只能"过滤"出最适合初学者的部分。

1．如果已知某个协议发生问题，可以用协议名称过滤一下。以 Windows Domain 的身份验证问题为例，如果已知该域的验证协议是 Kerberos，那么就在 Filter 框输入 Kerberos 作为关键字过滤。除了纯粹的 Kerberos 包，你还将得到 Session Setup 之类包含 Kerberos 的包（见图 8）。

Filter: kerberos　Expression... Clear Apply

No.	Source	Destination	Time	Protocol	Info
25	10.32.106.116	10.32.106.103	2012-03-14 15:14:07.320947	KRB5	TGS-REQ
26	10.32.106.103	10.32.106.116	2012-03-14 15:14:07.321631	KRB5	TGS-REP
28	10.32.106.116	10.32.106.103	2012-03-14 15:14:07.322618	SMB	Session Setup AndX Request
30	10.32.106.103	10.32.106.116	2012-03-14 15:14:07.323370	SMB	Session Setup AndX Response

图 8

用协议过滤时务必考虑到协议间的依赖性。比如 NFS 共享挂载失败，问题可能发生在挂载时所用的 mount 协议，也可能发生在 mount 之前的 portmap 协议。这种情况下就需要用“portmap || mount”来过滤了（见图 9）。如果不懂协议间的依赖关系怎么办？我也没有好办法，只能暂时放弃这个技巧，等熟悉了该协议后再用。

Filter: portmap || mount　Expression... Clear Apply

No.	Source	Destination	Time	Protocol	Info
112	10.32.106.159	10.32.106.62	2013-07-15 14:21:18.768742	Portmap	V2 GETPORT Call (Reply In 113) NFS(100003) V:3 TCP
113	10.32.106.62	10.32.106.159	2013-07-15 14:21:18.768742	Portmap	V2 GETPORT Reply (Call In 112) Port:2049
128	10.32.106.159	10.32.106.62	2013-07-15 14:21:18.772649	Portmap	V2 GETPORT Call (Reply In 129) MOUNT(100005) V:3 UDP
129	10.32.106.62	10.32.106.159	2013-07-15 14:21:18.772649	Portmap	V2 GETPORT Reply (Call In 128) Port:1234
132	10.32.106.159	10.32.106.62	2013-07-15 14:21:18.772649	MOUNT	V3 NULL Call (Reply In 133)
133	10.32.106.62	10.32.106.159	2013-07-15 14:21:18.772649	MOUNT	V3 NULL Reply (Call In 132)
134	10.32.106.159	10.32.106.62	2013-07-15 14:21:18.772649	MOUNT	V3 MNT Call (Reply In 135) /code
135	10.32.106.62	10.32.106.159	2013-07-15 14:21:18.772649	MOUNT	V3 MNT Reply (Call In 134)

图 9

2．IP 地址加 port 号是最常用的过滤方式。除了手工输入 ip.addreq<IP 地址>&&tcp.porteq<端口号>之类的过滤表达式，Wireshark 还提供了更快捷的方式：右键单击感兴趣的包，选择 Follow TCP/UDP Stream（选择 TCP 还是 UDP 要视传输层协议而定）就可以自动过滤（见图 10）。而且该 Stream 的对话内容会在新弹出的窗口中显示出来。

No.	Source	Destination	Time	Protocol	Info
10	10.32.106.72	10.32.200.43	2013-10-03 07:34:30.470170	SMB	Session Setup AndX Respons
11	10.32.200.43	10.32.106.72	2013-10-03 07:34:30.470888	SMB	Tree Connect AndX Request,
12	10.32.106.72	10.32.200.43	2013-10-03 07:34:30.471797	SMB	Tree Connect AndX Response
13	10.32.200.43	10.32.106.72	2013-10-03 07:34:30.472193	SMB	Trans2 Request, QUERY_PATH
14	10.32.106.72	10.32.200.43	2013-10-03 07:34:30.473051	SMB	Trans2 Response, QUERY_PAT
15	10.32.200.43	10.32.106.72	2013-10-03 07:34:30.473177	SMB	Trans2 Request, QUERY_PATH
16	10.32.106.72	10.32.200.43	2013-10-03 07:34:30.473913	SMB	Trans2 Response, QUERY_PAT
17	10.32.200.43	10.32.106.72	2013-10-03 07:34:30.474539	SMB	Trans2 Request, QUERY_PATH
18	10.32.106.72	10.32.200.43	2013-10-03 07:34:30.475274	SMB	Trans2 Response, QUERY_PAT
19	10.32.200.43	10.32.106.72	2013-10-03 07:34:30.475383	SMB	Trans2 Request, QUERY_PATH
20	10.32.106.72	10.32.200.43	2013-10-03 07:34:30.476100	SMB	Trans2 Response, QUERY_PAT

Frame 10: 156 bytes on wire (1248 bits), 156 bytes captured (1248 bits)
Ethernet II, Src: Cisco_e3:a6:80 (ec:30:91:e3:a6:80), Dst: Dell_68:80:28 (5c:26:0a:68:80:28)
Internet Protocol, Src: 10.32.106.72 (10.32.106.72), Dst: 10.32.200.43 (10.32.200.43)

Mark Packet (toggle)
Ignore Packet (toggle)
Set Time Reference (toggle)
Manually Resolve Address
Apply as Filter
Prepare a Filter
Conversation Filter
Colorize Conversation
SCTP
Follow TCP Stream
Follow UDP Stream
Follow SSL Stream

图 10

经常有人在论坛上问，Wireshark 是按照什么过滤出一个 TCP/UDP Stream 的？答案就是：两端的 IP 加 port。单击 Wireshark 的 Statistics-->Conversations，

再单击 TCP 或者 UDP 标签就可以看到所有的 Stream（见图 11）。

Conversations: mount.pcap

Ethernet: 1 | Fibre Channel | FDDI | IPv4: 6 | IPv6 | IPX | JXTA | NCP | RSVP | SCTP | TCP: 28 | Token Ring | UDP: 3 | USB | WLAN

TCP Conversations

Address A	Port A	Address B	Port B	Packets	Bytes	Packets A→B	Bytes A→B	Packets A←B	Bytes A←B
10.32.106.68	61070	10.32.106.159	51161	2	132	1	66	1	
10.32.106.77	61070	10.32.106.159	48389	2	132	1	66	1	
10.32.106.54	61070	10.32.106.159	53897	2	132	1	66	1	
10.32.106.59	61070	10.32.106.159	40652	2	132	1	66	1	
10.32.106.56	61070	10.32.106.159	48824	2	132	1	66	1	

Name resolution　Limit to display filter

Help　Copy　Follow Stream　Close

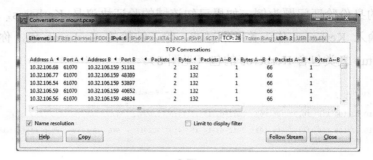

图 11

3．用鼠标帮助过滤。我们有时因为 Wireshark 而苦恼，并不是因为它功能不够，而是强大到难以驾驭。比如在过滤时，有成千上万的条件可供选择，但怎么写才是合乎语法的？虽然 http://www.wireshark.org/docs/dfref/ 提供了参考，但经常查找毕竟太费时费力了。Wireshark 考虑到了这个需求，右键单击 Wireshark 上感兴趣的内容，然后选择 Prepare a Filter-->Selected，就会在 Filter 框中自动生成过滤表达式。在有复杂需求的时候，还可以选择 And、Or 等选项来生成一个组合的过滤表达式。

假如右键单击之后选择的不是 Prepare a Filter，而是 Apply as Filter-->Selected，则该过滤表达式生成之后还会自动执行。图 12 显示了在一个 SMB 包的 SMB Command: Read AndX 上右键单击，并选择 Selected 之后，所有的 Read 包都会被过滤出来。

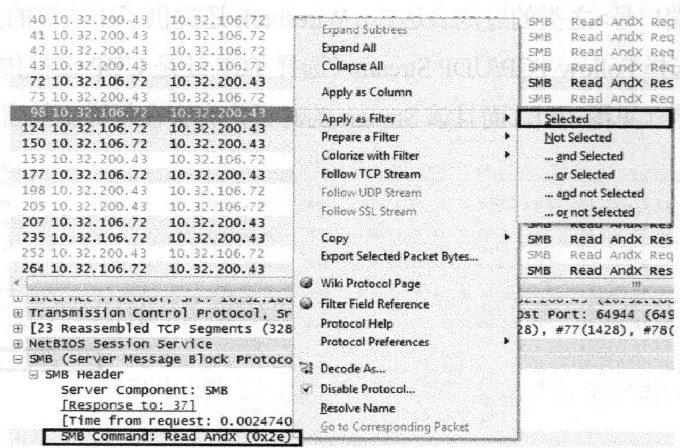

图 12

4．我们可以把过滤后得到的网络包存在一个新的文件里，因为小文件更方便操作。单击 Wireshark 的 File-->Save As，选中 Displayed 单选按钮再保存，得到的新文件就是过滤后的部分（见图 13）。

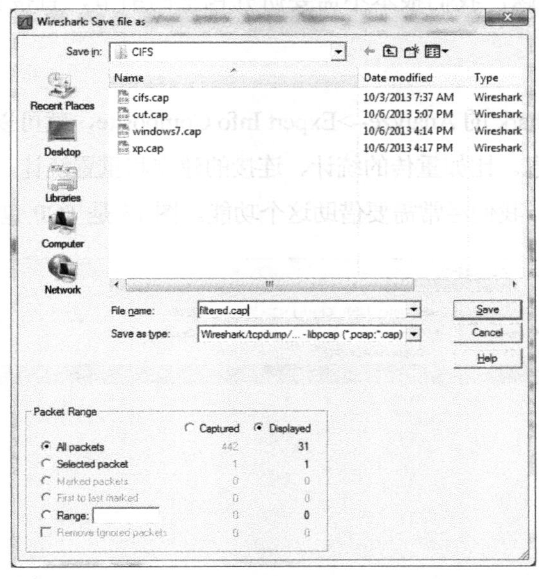

图 13

有时候你会发现，保存后的文件再打开时会显示很多错误。这是因为过滤后得到的不再是一个完整的 TCP Stream，就像抓包时漏抓了很多一样。所以选择 Displayed 选项时要慎重考虑。

注意：有些 Wireshark 版本把这个功能移到了菜单 File-->Export Specified Packets…选项中，如图 14 所示。

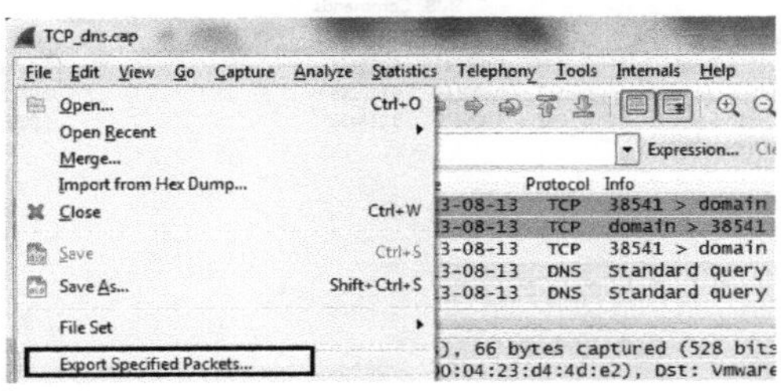

图 14

总体来说，过滤是 Wireshark 中最有趣，最难，也是最有价值之处，值得我们用心学习。

四、让 Wireshark 自动分析

有些类型的问题，我们根本不需要研究包里的细节，直接交给 Wireshark 分析就行了。

1．单击 Wireshark 的 Analyze-->Expert Info Composite，就可以在不同标签下看到不同级别的提示信息。比如重传的统计、连接的建立和重置统计，等等。在分析网络性能和连接问题时，我们经常需要借助这个功能。图 15 是 TCP 包的重传统计。

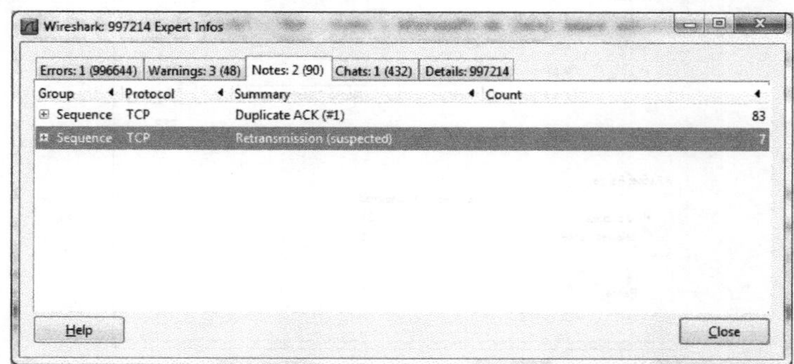

图 15

2．单击 Statistics-->Service Response Time，再选定协议名称，可以得到响应时间的统计表。我们在衡量服务器性能时经常需要此统计结果。图 16 展示的是 SMB2 读写操作的响应时间。

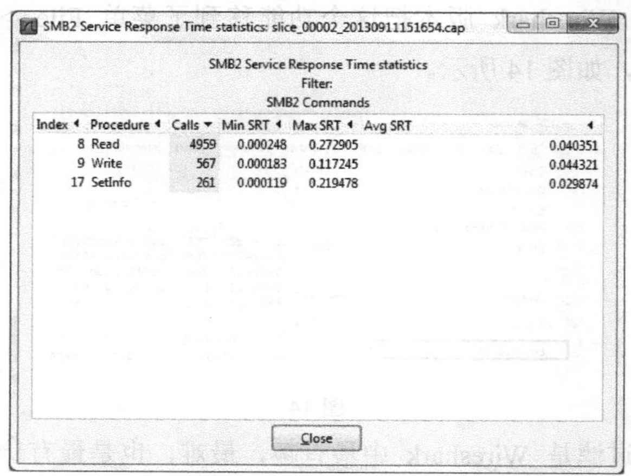

图 16

3．单击 Statistics-->TCP Stream Graph，可以生成几类统计图。比如我曾经用 Time-Sequence Graph (Stevens)生成了图 17。

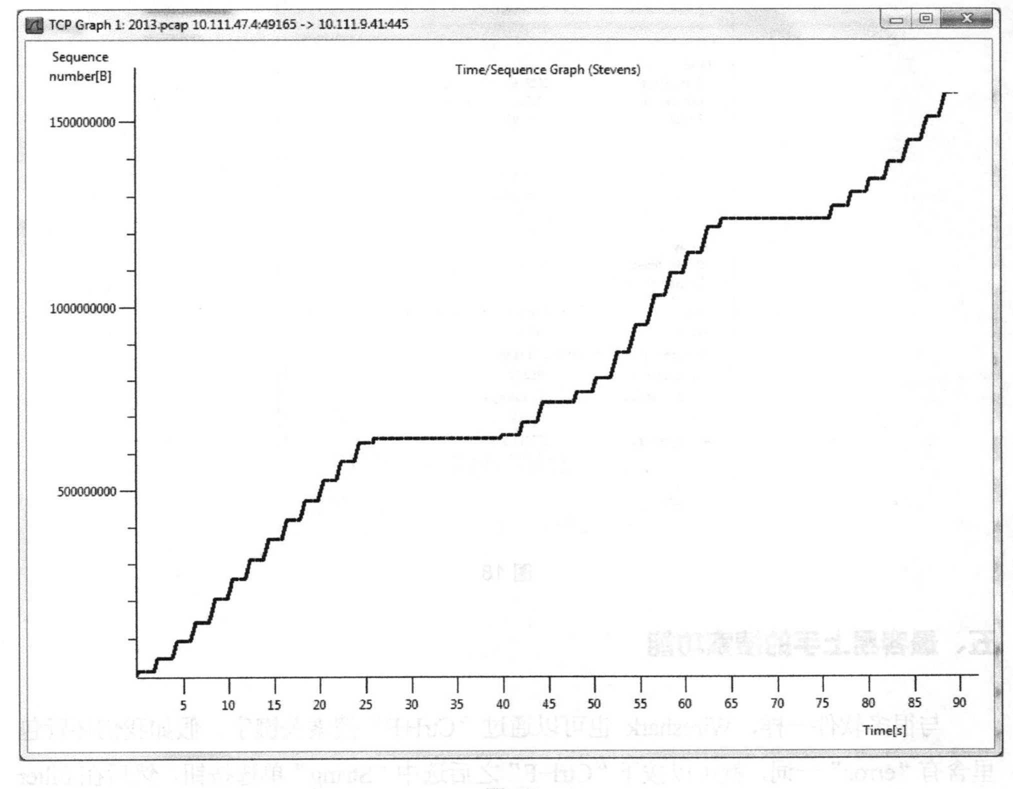

图 17

从图 17 中可以看出 25～40 秒，以及 65～75 秒之间没有传输数据。进一步研究，发现发送方内存不足，所以偶尔出现暂停现象，添加内存后问题就解决了。

为什么 Wireshark 要把这个图称为“Stevens”呢？我猜是为了向《TCP/IP Illustrated》的作者 Richard Stevens 致敬。这也是我非常喜欢的一套书，在此推荐给所有读者。

4．单击 Statistics-->Summary，可以看到一些统计信息，比如平均流量等，这有助于我们推测负载状况。比如图 18 中的网络包才 1.594Mbit/s，说明流量低得很。

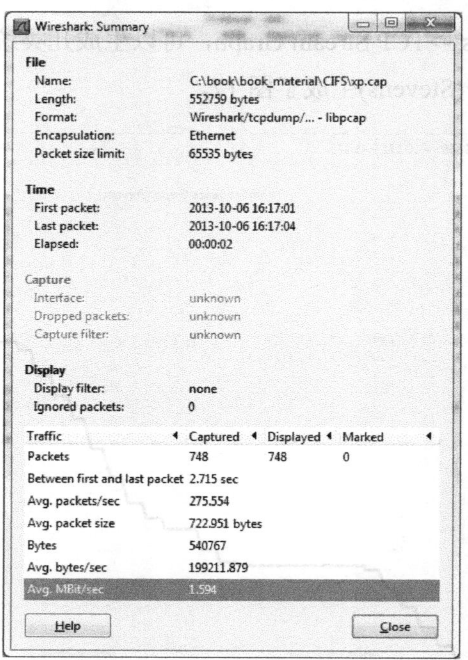

图 18

五、最容易上手的搜索功能

与很多软件一样，Wireshark 也可以通过“Ctrl+F”搜索关键字。假如我们怀疑包里含有“error”一词，就可以按下“Ctrl+F”之后选中“String”单选按钮，然后在 Filter 中输入“error”进行搜索（见图 19）。很多应用层的错误都可以靠这个方法锁定问题包。

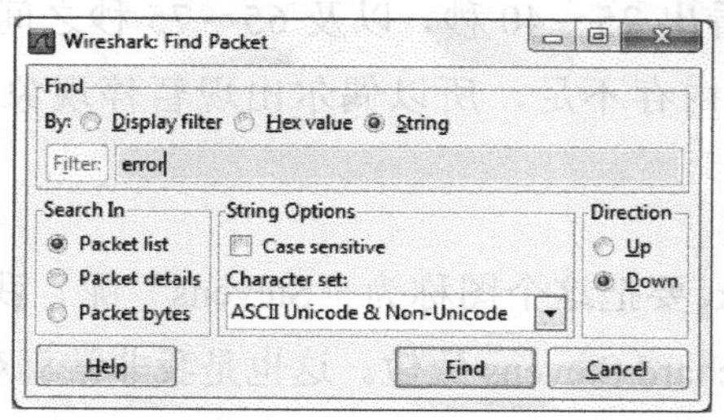

图 19

一篇文章不可能涵盖所有技巧，本文就到此为止。最后要分享的，是我认为最“笨”但也是最重要的一个技巧——勤加练习。只要练到这些技巧都变成习惯，就可以算登堂入室了。

Patrick 的故事

我还在山脚下的时候，Patrick 已经在山顶了。至今我还只能在山坡仰望他。

第一次听说 Patrick 的名字是在 6 年前。当时我初入存储行业，经常被各类难题所困。有一次，我要把大批文件从 Windows 迁移到文件服务器（NAS）上，不知道为什么有些文件就是过不去，报错信息也没有参考价值。走投无路之际，一位美国同事提了个建议：我司在波士顿有一位很厉害的专家，也许可以请教一下他。我抱着试一试的态度发了一封求助信，没想到十几分钟后就得到回复。专家建议我抓一个网络包，然后用 Wireshark 看看这些文件有没有特殊属性。我立即照办，果然在这些文件上看到 Temporary 属性。知道原因后，问题很快就解决了。那是我第一次接触 Wireshark，而那位专家就是 Patrick。

从此我就喜欢上了 Wireshark，因为它实在很有用，就像是学武之人得到了一把称手好剑。而 Patrick 却渐渐被我淡忘了。直到一年之后，我又遇到这样一个难题：有一台文件服务器的读性能只有 10MB/s，远低于客户的期望。我尝试过很多调优方式，性能却只降不升。徒劳三天之后，我对自己彻底失去信心。这时候我又想起了 Patrick，说不定他能给点意见呢。于是我上传了一个网络包，请他帮忙分析。一小时后奇迹再次出现，我收到了他的回信。信中提到两点建议。

- TCP 超时重传的间隔时间太长，设置一个较小的时间可以减少重传对性能的影响。
- 该网络频繁拥塞，拥塞点大多在 32KB 以上。如果把发送窗口限制在 32KB，就可以避免触碰拥塞点。

我简直不敢相信这些分析，短短一个小时怎么能看出这么深奥的原因？我好歹也用了一年 Wireshark 了，几乎每个菜单都很熟悉，却从来不知道有个地方可以看出拥塞点。不过有了上次的成功经验，我决定还是尝试一下这两条建议。在把超时重传时间减小之后，读性能立即达到 20MB/s，比之前提高了一倍。这个结果实在太振奋人心，一扫三天来的阴霾。我赶紧再设置发送窗口，没想到性能又提高了一倍，达到 40MB/s。现场的工程师和客户都在欢呼，我在电话上也久久不能平静。这时候我才真正被 Patrick 的实力所震撼。觉得自己就像武侠小说中初涉江湖的少年，一年前被深藏不露的大侠所救，却只看到好剑的厉害。一年后再次身陷险境，看到大侠出招，才知道自己有眼不识泰山，恨不得立即磕头拜师。

等到我学会在 Wireshark 上看拥塞窗口，已经是半年后的事了。期间我重读了 Richard Stevens 的《TCP/IP Illustrated》，遇到疑难就请教 Patrick。他每次的回信都极像专业论文，篇幅极长却又字字珠玑，有一次甚至当场写了个程序帮我理解概念。他的严谨、耐心和分享精神都堪称顶级工程师的典范。假如说他是一位老师，那一定是我求学路上碰到过最为出色的老师。我专门在 Outlook 里设了一个 rule，把他的所有邮件放在一起，至今一封都没有删过。在非技术问题上，Patrick 从来惜字如金。我曾经问他："Have you ever thought about writing a book?" 他很简单地回答："I am not a good author." 如果他都不算 good author 的话，有几个人称得上好？即便把我收藏的这些邮件集结起来，也是一本好书了。

我曾经想过，将来某一天能不能学到 Patrick 的水平？现在已经不考虑这个问题了，因为我发现他的技术似乎是没有边界的。有一天，我被一个 Active Directory 的问题难住，微软的工程师也无可奈何，他却精准地解决了。我才知道他对 Windows Domain 也深有研究。当天中午和研发部门的同事一起吃饭时，我向他提起了无所不知的 Patrick。没想到这位同事也很震惊，"他懂这么多啊？我只知道他正在帮我们处理一个操作系统的问题。"从同事转来的邮件上，我果然看到 Patrick 向他讲解了一个操作系统的细节问题。这时我不禁想起他自谦过的一句话 "Everybody has his expertise"。可是有什么技术领域不是你的 expertise? 我很想当面问问这位素未谋面的老师。

几年后我到波士顿开会，第一个想见的人就是 Patrick。我带了中国点心，也带着很多感谢去拜访他。可惜他那天没有在办公室里出现。邻座的同事说，"我们也很久没有见到 Patrick 了，他在家里办公，而且是在夜里。"听说我是从中国慕名而来，这位同事滔滔不绝地说起大家对 Patrick 的敬仰，并表示要帮忙联系。我考虑到他在夜里工作，白天肯定要休息，只能放弃登门拜访的念头。回国后收到 Patrick 的邮件，原来他知道后第二天就去了办公室，可惜我那时已经在飞机上了。

所以我至今没有见过 Patrick，但这又有什么关系？在网络时代，有些人就算从来没有机会见面，甚至不知道年龄和种族，也可以是最好的老师。

Wireshark 的前世今生

这是一个无关技术的小故事。但是作为 Wireshark 爱好者，了解一下这个软件的前世今生也是极好的，谁不想在中午和同（ling）事（dao）一起吃饭的时候讲个业内小故事，显得自己业务精湛又品味不俗呢？

故事要从 20 世纪 90 年代开始说起。那时的 IT 业欣欣向荣：摩托罗拉正野心勃勃地实施铱星计划；Google 的两位创始人还在房东的车库里研究搜索引擎。我们故事的主人公 Gerald Combs 还是默默无闻的青年。和那个时代的很多工程师一样，Gerald 技术精湛，热情上进，动手能力极强。他就职于一家网络提供商，时常需要分析软件来辅助工作。可是这样的软件太少了，而且一个 license 就要 80,000 美金。即便在今天的美国，这也不是一笔小数目。

和我们中的很多人不一样，Gerald 没有下载盗版软件，而是决定自己写一个。他单枪匹马忙碌了几个月。我们今天仍能想见其中的艰辛——即便是从业多年的工程师，对很多网络协议还一知半解，更不要说开发一个能分析协议的软件了。而一位工程师既精通多种协议，又能写好代码，更是常人难以企及的境界。但谦虚的 Gerald 一直对此轻描淡写，“I spent several months doing research and making notes.”到了 1998 年 7 月，这个软件终于面世了。它带来了这样的功能：当你透过它看到网络时，不再是没有意义的 0 和 1，而是可以理解的简洁文字。有了它的专业解说，我们几乎能直接看懂网络上发生的一切。以前难以排查的问题，在它介入后便显露无遗。它还提供了权威的分析报告，比如重传率统计、响应时间和对话列表等，这解放了原本负担繁重的网络管理员，使他们有更多时间专注其他事务。

Gerald 把这个软件命名为 Ethereal，正对应了它的功能——还原以太网的真相。Ethereal 的代码版权自然属于 Gerald，而他所在的公司 NIS（Network Integration Services）则拥有 Ethereal 商标。当时谁也没有想到，这个归属权会在多年后引起一场风波。由于 Ethereal 写得太好了，而且是以 GNU GPL 开源许可证发布的，世界各地的开发者纷纷参与到这个项目中。没过多久，它就涵盖了世界上大多数通信协议，成为广受欢迎的网络分析软件。它可以用于教学，如果网络教师用它辅助上课，可以大大提高学生的兴趣。也可以辅助开发和测试，是调试网络程序的好工具。当然它最大的用途还是诊断问题；从数据链路层到应用层的种种协议，几乎涉及网络的地方就有它的用武之地。更难得的是，Gerald 并没有打算从中获利，它至今还是完全免费的，每位愿意学习的工程师都可以受益。

世界的变化总是超乎我们的想象，尤其是在 IT 业。没几年时间，铱星计划彻底破产；Google 却成了最大的网络公司。只有 Gerald 没有变化，一直在兢兢业业地维护 Ethereal。每个月都有新的协议出现，已有的协议也在推出新版本，他永远有忙不完的活。中间仅仅发生过一次改名风波：2006 年他离开 NIS，加入了 CACE。由于和老东家在 Ethereal 的商标问题上无法达成一致，Gerald 把项目改名为 Wireshark。从此 Ethereal 这个风靡多年的项目停止了，只留下 www.ethereal.com 域名。我们至今还能访问它，但是会被重定向到一家叫 AOS 的公司。为什么不是重定向到 NIS 呢？因为 NIS 在 2011 年被 AOS 合并了。

Wireshark 延续了 Ethereal 的成功，现在有成千上万的开发者在追随 Gerald。每年还会召开一次为期 4 天的 Sharkfest 大会。2011 年 Wireshark 在 SecTools 排行第一，2012 年被 Insecure.org 评为“No. 1 Packet Sniffers”。美国的技术作家们开始为它著书立说，中国的出版社也在引进（比如人民邮电出版社引进出版的《Wireshark 数据包分析实战（第 2 版）》）。值得一提的是，CACE 后来被 Riverbed 收购了，Riverbed 成了 Wireshark 项目的赞助商。很多中国工程师可能觉得 Riverbed 名不见经传，但说到 Linux 里常用的 tcpdump 命令就不会陌生。tcpdump 的开发者之一 Steve McCanne 就是 Riverbed 的 CTO。而 WinPcap 的开发者 Loris Degioanni 也在 Riverbed 工作。似乎冥冥之中自有天意，Riverbed 把网络探测界的先锋们聚到了一起。我们要向 Riverbed 致敬，多亏了这些伟大的工具，我们才得以窥探网络的秘密。

Gerald 不久前在 Twitter 上宣布，“Wireshark is, and will always be open source。”其实 Wireshark 即便不再开源也不会抹杀他的成就。改变世界的 IT 英雄，可以像 Jobs 一样领导一个成功的公司，更可以像 Gerald 一样创造一件传世的作品。他们的成就一样会被镌刻在 IT 历史的丰碑上。

庖丁解牛

35

NFS 协议的解析

20 世纪 80 年代初，一家神奇的公司在硅谷诞生了，它就是 Sun Microsystems。这个名字与太阳无关，而是源自互联网的伊甸园——Stanford University Network 的首字母。在不到 30 年的时间里，SUN 公司创造了无数传世作品。其中，Java、Solaris 和基于 SPARC 的服务器至今还闻名遐迩。后来，人们总结 SUN 公司衰落的原因时，有一条竟然是技术过剩。

Network File System（NFS）协议也是 SUN 公司设计的。顾名思义，NFS 就是网络上的文件系统。它的应用场景如图 1 所示，NFS 服务器提供了/code 和/document 两个共享目录，分别被挂载到多台客户端的本地目录上。当用户在这些本地目录读写文件时，实际是不知不觉地在 NFS 服务器上读写。

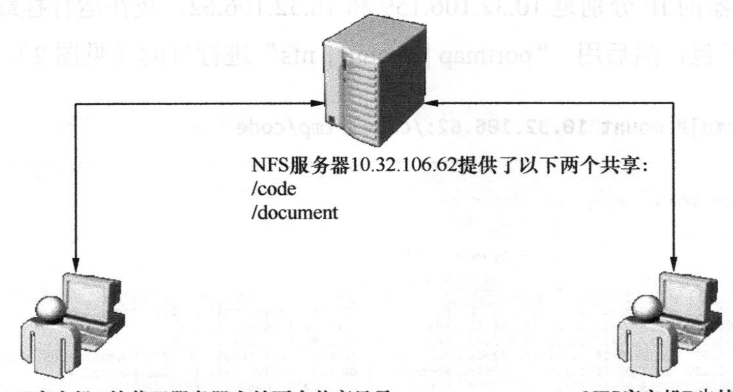
NFS服务器10.32.106.62提供了以下两个共享：
/code
/document
NFS客户机A挂载了服务器上的两个共享目录：
10.32.106.62:/code /tmp/code
10.32.106.62:/document /tmp/document
NFS客户机B也挂载了这两个共享目录：
10.32.106.62:/code /tmp/code
10.32.106.62:/document /tmp/document

图 1

NFS 自 1984 年面世以来，已经流行 30 年。理论上它适用于任何操作系统，不过因为种种原因，一般只在 Linux/UNIX 环境中存在。我在很多数据中心见到过 NFS 应用，其中不乏通信、银行和电视台等大型机构。无论 SUN 的命运如何多舛，NFS 始终处乱不惊，这么多年来只出过 3 个版本，即 1984 年的 NFSv2、1995 年的 NFSv3 和 2000 年的 NFSv4。目前，大多数 NFS 环境都还是 NFSv3，本文介绍的也是这个版本。NFSv2 还在极少数环境中运行（我只在日本见到过），可以想象这些环境有多老了。而 NFSv4 因为深受 CIFS 影响，实施过程相对复杂，所以普及速度较慢。

如何深入学习 NFS 协议呢？其实所有权威资料都可以在 RFC 1813 中找到，不过这些文档读起来就像面对一张冷冰冰的面孔，令人望而却步。《鸟哥的 Linux 私房菜》中对 NFS 的介绍虽称得上友好，但美中不足的是不够深入，出了问题也不知道如何排查。我曾经为此颇感苦恼，因为工作中碰到的 NFS 问题太多了，走投无路时就只能硬啃 RFC——既然网络协议都那么复杂，我也不指望有捷径了。直到有一天偶然打开挂载时抓的包，才意识到 Wireshark 可以改变这一切：它使整个挂载过程一目了然，所有细节都一览无遗。分析完每个网络包，再回顾 RFC 1813 便完全不觉得陌生。

如果你对 NFS 有兴趣，不妨一起来分析这个网络包。在我的实验室中，NFS 客户端和文件服务器的 IP 分别是 10.32.106.159 和 10.32.106.62。我在运行挂载命令（mount）时抓了包，然后用 “portmap || mount || nfs”进行过滤（见图 2）。

```
[root@shifm1 tmp]# mount 10.32.106.62:/code /tmp/code
```

mount.pcap

File Edit View Go Capture Analyze Statistics Telephony Tools WS internal Help

Filter: portmap || mount || nfs　Expression... Clear Apply

No.	Source	Destination	Time	Protocol	Info
112	10.32.106.159	10.32.106.62	2013-07-15 14:21:18.768742	Portmap	V2 GETPORT Call (Reply In 113) NFS(100003) V:3 TCP
113	10.32.106.62	10.32.106.159	2013-07-15 14:21:18.768742	Portmap	V2 GETPORT Reply (Call In 112) Port:2049
123	10.32.106.159	10.32.106.62	2013-07-15 14:21:18.768742	NFS	V3 NULL Call (Reply In 124)
124	10.32.106.62	10.32.106.159	2013-07-15 14:21:18.772649	NFS	V3 NULL Reply (Call In 123)
128	10.32.106.159	10.32.106.62	2013-07-15 14:21:18.772649	Portmap	V2 GETPORT Call (Reply In 129) MOUNT(100005) V:3 UDP
129	10.32.106.62	10.32.106.159	2013-07-15 14:21:18.772649	Portmap	V2 GETPORT Reply (Call In 128) Port:1234
132	10.32.106.159	10.32.106.62	2013-07-15 14:21:18.772649	MOUNT	V3 NULL Call (Reply In 133)
133	10.32.106.62	10.32.106.159	2013-07-15 14:21:18.772649	MOUNT	V3 NULL Reply (Call In 132)
134	10.32.106.159	10.32.106.62	2013-07-15 14:21:18.772649	MOUNT	V3 MNT Call (Reply In 135) /code
135	10.32.106.62	10.32.106.159	2013-07-15 14:21:18.772649	MOUNT	V3 MNT Reply (Call In 134)
140	10.32.106.159	10.32.106.62	2013-07-15 14:21:18.772649	NFS	V3 NULL Call (Reply In 141)
141	10.32.106.62	10.32.106.159	2013-07-15 14:21:18.772649	NFS	V3 NULL Reply (Call In 140)
143	10.32.106.159	10.32.106.62	2013-07-15 14:21:18.772649	NFS	V3 FSINFO Call (Reply In 144), FH:0x2cc9be18
144	10.32.106.62	10.32.106.159	2013-07-15 14:21:18.772649	NFS	V3 FSINFO Reply (Call In 143)
145	10.32.106.159	10.32.106.62	2013-07-15 14:21:18.776555	NFS	V3 FSINFO Call (Reply In 146), FH:0x2cc9be18
146	10.32.106.62	10.32.106.159	2013-07-15 14:21:18.776555	NFS	V3 FSINFO Reply (Call In 145)

图 2

从图 2 中的 Info 一栏可以看到，Wireshark 已经提供了详细的解析。不过我们还可以翻译成更直白的对话（为了方便第一次接触 NFS 的读者，我还作了一些注释）。

包号 112 和 113（见图 3）：

No.	Source	Destination	Time	Protocol	Info
112	10.32.106.159	10.32.106.62	2013-07-15	Portmap	V2 GETPORT Call (Reply In 113) NFS(100003)
113	10.32.106.62	10.32.106.159	2013-07-15	Portmap	V2 GETPORT Reply (Call In 112) Port:2049

图 3

客户端："我想连接你的 NFS 进程，应该用哪个端口呀？"

服务器："我的 NFS 端口是 2049。"①

包号 123 和 124（见图 4）：

No.	Source	Destination	Time	Protocol	Info
123	10.32.106.159	10.32.106.62	2013-07-15	NFS	V3 NULL Call (Reply In 124)
124	10.32.106.62	10.32.106.159	2013-07-15	NFS	V3 NULL Reply (Call In 123)

图 4

客户端："那我试一下 NFS 进程能否连上。"

服务器："收到了，能连上。"②

包号 128 和 129（见图 5）：

No.	Source	Destination	Time	Protocol	Info
128	10.32.106.159	10.32.106.62	2013-07-15	Portmap	V2 GETPORT Call (Reply In 129) MOUNT(100005)
129	10.32.106.62	10.32.106.159	2013-07-15	Portmap	V2 GETPORT Reply (Call In 128) Port:1234

图 5

客户端："我想连接你的 mount 服务，应该用哪个端口呀？"

---

① 在这一步，客户端找到服务器的 portmap 进程，向它查询 NFS 进程的端口号。然后服务器的 portmap 进程回复了 2049。portmap 的功能是维护一张进程与端口号的对应关系表，而它自己的端口号 111 是众所周知的，其他进程都能找到它。这个角色类似很多公司的前台，她知道每个员工的分机号。当我们需要联系公司里的某个人（比如 NFS）时，可以先拨前台(111)，查询到其分机号(2049)，然后就可以拨这个分机号了。其实大多数文件服务器都会使用 2049 作为 NFS 端口号，所以即便不先咨询 portmap，直接连 2049 端口也不会出问题。

② 客户端尝试连接服务器的 NFS 进程，由此判断 2049 端口是否被防火墙拦截，还有 NFS 服务是否已经启动。

服务器："我的 mount 的端口号是 1234。"①

包号 132 和 133（见图 6）：

```
No.  Source          Destination     Time        Protocol  Info
132  10.32.106.159   10.32.106.62    2013-07-15  MOUNT     V3 NULL Call (Reply In 133)
133  10.32.106.62    10.32.106.159   2013-07-15  MOUNT     V3 NULL Reply (Call In 132)
```

图 6

客户端："那我试一下 mount 进程能否连上。"

服务器："收到了，能连上。"②

包号 134 和 135（见图 7）：

```
No.  Source          Destination     Time        Protocol  Info
134  10.32.106.159   10.32.106.62    2013-07-15  MOUNT     V3 MNT Call (Reply In 135) /code
135  10.32.106.62    10.32.106.159   2013-07-15  MOUNT     V3 MNT Reply (Call In 134)

⊞ Frame 135: 114 bytes on wire (912 bits), 114 bytes captured (912 bits)
⊞ Ethernet II, Src: Clariion_2b:5d:b2 (00:60:16:2b:5d:b2), Dst: Intel_d4:4d:e2 (00:
⊞ Internet Protocol, Src: 10.32.106.62 (10.32.106.62), Dst: 10.32.106.159 (10.32.10
⊞ User Datagram Protocol, Src Port: search-agent (1234), Dst Port: corba-iiop-ssl (
⊞ Remote Procedure Call, Type:Reply XID:0x0d6c35b4
⊟ Mount Service
    [Program Version: 3]
    [V3 Procedure: MNT (1)]
    Status: OK (0)
  ⊟ fhandle
      length: 32
      [hash (CRC-32): 0x2cc9be18]
```

图 7

客户端："我要挂载/code 共享目录。"

服务器："你的请求被批准了。以后请用 file handle 0x2cc9be18 来访问本目录。"③

包号 140 和 141（见图 8）：

```
No.  Source          Destination     Time        Protocol  Info
140  10.32.106.159   10.32.106.62    2013-07-15  NFS       V3 NULL Call (Reply In 141)
141  10.32.106.62    10.32.106.159   2013-07-15  NFS       V3 NULL Reply (Call In 140)
```

图 8

---

① 客户端再次联系服务器的 portmap，询问 mount 进程的端口号。与 NFS 不同的是，mount 的端口号比较随机，所以这步询问是不能跳过的。

② 客户端尝试连接服务器的 mount 进程，由此判断 1234 端口是否被防火墙拦截，还有 mount 进程是否已经启动。

③ 这一步真正挂载了/code 目录。挂载成功后，服务器把该目录的 file handle 告诉客户端（要点开详细信息才能看到 File handle）。

客户端："我试一下 NFS 进程能否连上。"

服务器："收到了，能连上。"①

包号 143 和 144（见图 9）：

No.	Source	Destination	Time	Protocol	Info
143	10.32.106.159	10.32.106.62	2013-07-15	NFS	V3 FSINFO Call (Reply In 144), FH:0x2cc9be18
144	10.32.106.62	10.32.106.159	2013-07-15	NFS	V3 FSINFO Reply (Call In 143)

图 9

客户端："我想看看这个文件系统的属性。"

服务器："给，都在这里。"②

包号 145 和 146（见图 10）：

No.	Source	Destination	Time	Protocol	Info
145	10.32.106.159	10.32.106.62	2013-07-15	NFS	V3 FSINFO Call (Reply In 146), FH:0x2cc9be18
146	10.32.106.62	10.32.106.159	2013-07-15	NFS	V3 FSINFO Reply (Call In 145)

图 10

客户端："我想看看这个文件系统的属性。"

服务器："给，都在这里。"③

以上便是 NFS 挂载的全过程。细节之处很多，所以在没有 Wireshark 的情况下很难排错，经常不得不盲目地检查每一个环节，比如先用 rpcinfo 命令获得服务器上的端口列表（见图 11），再用 Telnet 命令逐个试探（见图 12）。即使这样也只能检查几个关键进程能否连上，排查范围非常有限。

① 在我看来这一步没有必要，因为之前已经试连过 NFS 了，再测试一次有何意义？我猜是开发人员不小心重复调用了同一函数，但因为没有抓包，所以测试人员也没有发现这个问题。

② 客户端获得了该文件系统的大小和空间使用率等属性。我们在客户端上执行 df 就能看到这些信息。

③ 这一步又是重复操作，更让我怀疑是开发人员的疏忽。这个例子也说明了 Wireshark 在辅助开发中的作用。

```
[root@shifm1 ~]# rpcinfo -p 10.32.106.62 |egrep "portmapper|mountd|nfs"
    100003    2   udp   2049  nfs
    100003    3   udp   2049  nfs
    100003    2   tcp   2049  nfs
    100003    3   tcp   2049  nfs
    100005    3   tcp   1234  mountd
    100005    2   tcp   1234  mountd
    100005    1   tcp   1234  mountd
    100005    3   udp   1234  mountd
    100005    2   udp   1234  mountd
    100005    1   udp   1234  mountd
    100000    2   udp    111  portmapper
    100000    2   tcp    111  portmapper
[root@shifm1 ~]#
```

图 11

```
[root@shifm1 tmp]# telnet 10.32.106.62 2049
[root@shifm1 tmp]# telnet 10.32.106.62 1234
[root@shifm1 tmp]# telnet 10.32.106.62 111
```

图 12

用上 Wireshark 之后就可以很有针对性地排查了。例如，看到 portmap 请求没有得到回复，就可以考虑防火墙对 111 端口的拦截；如果发现 mount 请求被服务器拒绝了，就应该检查该共享目录的访问控制。

既然说到访问控制，我们就来看看 NFS 在安全方面的机制，包括对客户端的访问控制和对用户的权限控制。

NFS 对客户端的访问控制是通过 IP 地址实现的。创建共享目录时可以指定哪些 IP 允许读写，哪些 IP 只允许读，还有哪些 IP 连挂载都不允许。虽然配置不难，但这方面出的问题往往很“诡异”，没有 Wireshark 是几乎无法排查的。比如，我碰到过一台客户端的 IP 明明已经加到允许读写的列表里，结果却只能读。这个问题难住了很多工程师，因为在客户端和服务器上都找不到原因。后来我们在服务器上抓了个包，才知道在收到的包里，客户端的 IP 已经被 NAT 设备转换成别的了。

NFS 的用户权限也经常让人困惑。比如在我的实验室中，客户端 A 上的用户 admin 在/code 目录里新建一个文件，该文件的 owner 正常显示为 admin。但是在客户端 B 上查看该文件时，owner 却变成 nasadmin，过程如下所示。

客户端 A（见图 13）：

```
[admin@shifm1 /tmp]$ cp abc.txt code/abc.txt
[admin@shifm1 /tmp]$ ls -l code/abc.txt
-rw-r--r-- 1 admin adm 491292 Jul 28  2013 code/abc.txt
```

图 13

客户端 B（见图 14）：

```
[root@shifm2 /tmp]# ls -l code/abc.txt
-rw-r--r-- 1 nasadmin adm 491292 Jul 28  2013 code/abc.txt
```

图 14

这是为什么呢？借助 Wireshark，我们很容易就能看到原因。图 15 显示了用户 admin 在创建/tmp/code/abc.txt 时的包。

```
No. Source        Destination   Time       Protocol Info
  4 10.32.106.159 10.32.106.62  2013-07-28 NFS      V3 CREATE Call (Reply In 6), DH: 0x2cc9be18/abc.txt
  5 10.32.106.62  10.32.106.159 2013-07-28 TCP      nfs > 708 [ACK] Seq=121 Ack=281 Win=49152 Len=0 TSva

⊞ Frame 4: 222 bytes on wire (1776 bits), 222 bytes captured (1776 bits)
⊞ Ethernet II, Src: Intel_d4:4d:e2 (00:04:23:d4:4d:e2), Dst: Clariion_2b:5d:b2 (00:60:16:2b:5d:b2)
⊞ Internet Protocol Version 4, Src: 10.32.106.159 (10.32.106.159), Dst: 10.32.106.62 (10.32.106.62)
⊞ Transmission Control Protocol, Src Port: 708 (708), Dst Port: nfs (2049), Seq: 125, Ack: 121, Len: 156
⊟ Remote Procedure Call, Type:Call XID:0xd839591c
  ⊞ Fragment header: Last fragment, 152 bytes
    XID: 0xd839591c (3627637020)
    Message Type: Call (0)
    RPC Version: 2
    Program: NFS (100003)
    Program Version: 3
    Procedure: CREATE (8)
    [The reply to this request is in frame 6]
  ⊟ Credentials
      Flavor: AUTH_UNIX (1)
      Length: 32
      Stamp: 0x00904baf
    ⊞ Machine Name: shifm1
      UID: 501
      GID: 4
```

图 15

由图 15 中的 Credentials 信息可知，用户在创建文件时并没有使用 admin 这个用户名，而是用了 admin 的 UID 501 来代表自己的身份（用户名与 UID 的对应关系是由客户端的/etc/passwd 决定的）。也就是说 NFS 协议是只认 UID 不认用户名的。当 admin 通过客户端 A 创建了一个文件，其 UID 501 就会被写到文件里，成为 owner 信息。

而当客户端 B 上的用户查看该文件属性时，看到的其实也是“UID: 501”。但是因为客户端 B 上的/etc/passwd 文件和客户端 A 上的不一样，其 UID 501 对应的用户名叫 nasadmin，所以文件的 owner 就显示为 nasadmin 了。同样道理，当客户端 B 上的用户 nasadmin 在共享目录上新建一个文件时，客户端 A 上的用户看到的文件 owner 就会变成 admin。为了防止这类问题，建议用户名和 UID 的关系在每台客户端上都保持一致。

弄清楚了 NFS 的安全机制后，我们再来看看读写过程。经验丰富的工程师都知道，性能调优是最有技术含量的。借助 Wireshark，我们可以看到 NFS 究竟是如何读写文件的，这样才能理解不同 mount 参数的作用，也才能有针对性地进行性能调优。图 16 展示了读取文件 abc.txt 的过程。

```
[root@shifm1 tmp]# cat /tmp/code/abc.txt
```

Filter: nfs　Expression...　Clear　Apply　Save

No.	Source	Destination	Time	Protocol	Info
2	10.32.106.159	10.32.106.62	2013-07-22	NFS	V3 ACCESS Call (Reply In 3), FH: 0x2cc9be18, [Check: RD LU MD XT DL]
3	10.32.106.62	10.32.106.159	2013-07-22	NFS	V3 ACCESS Reply (Call In 2), [Allowed: RD LU MD XT DL]
5	10.32.106.159	10.32.106.62	2013-07-22	NFS	V3 READDIRPLUS Call (Reply In 6), FH: 0x2cc9be18
6	10.32.106.62	10.32.106.159	2013-07-22	NFS	V3 READDIRPLUS Reply (Call In 5) . .. lost+found .etc abc.txt
8	10.32.106.159	10.32.106.62	2013-07-22	NFS	V3 GETATTR Call (Reply In 9), FH: 0x531352e1
9	10.32.106.62	10.32.106.159	2013-07-22	NFS	V3 GETATTR Reply (Call In 8) Regular File mode: 0644 uid: 0 gid: 0
11	10.32.106.159	10.32.106.62	2013-07-22	NFS	V3 ACCESS Call (Reply In 12), FH: 0x531352e1, [Check: RD MD XT XE]
12	10.32.106.62	10.32.106.159	2013-07-22	NFS	V3 ACCESS Reply (Call In 11), [Allowed: RD MD XT XE]
13	10.32.106.159	10.32.106.62	2013-07-22	NFS	V3 READ Call (Reply In 292), FH: 0x531352e1 Offset: 0 Len: 131072
14	10.32.106.159	10.32.106.62	2013-07-22	NFS	V3 READ Call (Reply In 152), FH: 0x531352e1 Offset: 131072 Len: 131072
152	10.32.106.62	10.32.106.159	2013-07-22	NFS	V3 READ Reply (Call In 14) Len: 131072
292	10.32.106.62	10.32.106.159	2013-07-22	NFS	V3 READ Reply (Call In 13) Len: 131072
294	10.32.106.159	10.32.106.62	2013-07-22	NFS	V3 READ Call (Reply In 446), FH: 0x531352e1 Offset: 262144 Len: 131072
295	10.32.106.159	10.32.106.62	2013-07-22	NFS	V3 READ Call (Reply In 548), FH: 0x531352e1 Offset: 393216 Len: 98076
446	10.32.106.62	10.32.106.159	2013-07-22	NFS	V3 READ Reply (Call In 294) Len: 131072
548	10.32.106.62	10.32.106.159	2013-07-22	NFS	V3 READ Reply (Call In 295) Len: 98076

图 16

包号 2 和 3（见图 17）：

No.	Source	Destination	Time	Protocol	Info
2	10.32.106.159	10.32.106.62	2013-07-22	NFS	V3 ACCESS Call (Reply In 3), FH: 0x2cc9be18, [Check: RD
3	10.32.106.62	10.32.106.159	2013-07-22	NFS	V3 ACCESS Reply (Call In 2), [Allowed: RD LU MD XT DL]

图 17

客户端：“我可以进入 0x2cc9be18（也就是/code 的 file handle）吗？”

服务器：“你的请求被接受了，进来吧。”

包号 5 和 6（见图 18）：

No.	Source	Destination	Time	Protocol	Info
5	10.32.106.159	10.32.106.62	2013-07-22	NFS	V3 READDIRPLUS Call (Reply In 6), FH: 0x2cc9be18
6	10.32.106.62	10.32.106.159	2013-07-22	NFS	V3 READDIRPLUS Reply (Call In 5) . .. lost+found .etc abc.txt

图 18

客户端："我想看看这个目录里的文件及其 file handle。"

服务器："文件名及 file handle 的信息在这里。其中 abc.txt 的 file handle 是 0x531352e1。"①

包号 8 和 9（见图 19）：

No.	Source	Destination	Time	Protocol	Info
8	10.32.106.159	10.32.106.62	2013-07-22	NFS	V3 GETATTR Call (Reply In 9), FH: 0x531352e1
9	10.32.106.62	10.32.106.159	2013-07-22	NFS	V3 GETATTR Reply (Call In 8) Regular File mode:

图 19

客户端："0x531352e1（也就是 abc.txt）的文件属性是什么？"

服务器："权限、uid、gid, 文件大小等信息都给你。"

包号 11 和 12（见图 20）：

No.	Source	Destination	Time	Protocol	Info
11	10.32.106.159	10.32.106.62	2013-07-22	NFS	V3 ACCESS Call (Reply In 12), FH: 0x531352e1, [Check
12	10.32.106.62	10.32.106.159	2013-07-22	NFS	V3 ACCESS Reply (Call In 11), [Allowed: RD MD XT XE]

图 20

客户端："我可以打开 0x531352e1（也就是 abc.txt）吗？"

服务器："你的请求被允许了。你有读、写、执行等权限。"

包号 13、14、152、292（见图 21）：

No.	Source	Destination	Time	Protocol	Info
13	10.32.106.159	10.32.106.62	2013-07-22	NFS	V3 READ Call (Reply In 292), FH: 0x531352e1 Offset: 0 Len: 131072
14	10.32.106.159	10.32.106.62	2013-07-22	NFS	V3 READ Call (Reply In 152), FH: 0x531352e1 Offset: 131072 Len: 131072
152	10.32.106.62	10.32.106.159	2013-07-22	NFS	V3 READ Reply (Call In 14) Len: 131072
292	10.32.106.62	10.32.106.159	2013-07-22	NFS	V3 READ Reply (Call In 13) Len: 131072

图 21

客户端："从 0x531352e1 的偏移量为 0 处（即从 abc.txt 的开头位置）读 131072 字节。"

① 这个 file handle 也需要从包的详细信息里才能看到。就如之前提到过的，NFS 操作文件时使用的是 file handle，所以要先通过文件名找到其 file handle，而不是直接读其文件名。如果一个目录里文件数量巨大，获取 file handle 可能会比较费时，所以建议不要在一个目录里存放太多文件。

客户端："从 0x531352e1 的偏移量为 131072 处（即接着上一个请求读完的位置）再读 131072 字节。"

服务器："给你 131072 字节。"

服务器："再给你 131072 字节。"

（继续读，直到读完整个文件。）

就这样，NFS 完成了文件的读取过程。从最后几个包可见，Linux 客户端读 NFS 共享文件时是多个 READ Call 连续发出去的（本例中是连续两个）。这个方式跟 Windows XP 读 CIFS 共享文件有所不同。Windows XP 不会连续发 READ Call，而是先发一个 Call，等收到 Reply 后再发下一个。相比之下，Linux 这种读方式比 Windows XP 更高效，尤其是在高带宽、高延迟的环境下。这就像叫外卖一样，如果你今晚想吃鸡翅、汉堡和可乐三样食物，那合理的方式应该是打一通电话把三样都叫齐了。而不是先叫鸡翅，等鸡翅送到了再叫汉堡，等汉堡送到后再叫可乐。除了读文件的方式，每个 READ Call 请求多少数据也会影响性能。这台 Linux 默认每次读 131072 字节，我的实验室里还有默认每次读 32768 字节的客户端。在高性能环境中，要手动指定一个比较大的值。比如在我的 Isilon 实验室中，常常要调到 512KB。这个值可以在 mount 时通过 rsize 参数来定义，比如"mount -o rsize=524288 10.32.106.62:/code /tmp/code"。

分析完读操作，接下来我们再看看写文件的过程。把一个名为 abc.txt 的文件写到 NFS 共享的过程如下（见图 22）。

```
[root@shifm1tmp]# cp abc.txt code/abc.txt
```

Filter: nfs   Expression... Clear Apply Save

No.	Source	Destination	Time	Protocol	Info
1	10.32.106.159	10.32.106.62	2013-07-22	NFS	V3 ACCESS Call (Reply In 2), FH: 0x2cc9be18, [Check: RD LU MD XT DL]
2	10.32.106.62	10.32.106.159	2013-07-22	NFS	V3 ACCESS Reply (Call In 1), [Allowed: RD LU MD XT DL]
4	10.32.106.159	10.32.106.62	2013-07-22	NFS	V3 LOOKUP Call (Reply In 5), DH: 0x2cc9be18/abc.txt
5	10.32.106.62	10.32.106.159	2013-07-22	NFS	V3 LOOKUP Reply (Call In 4) Error: NFS3ERR_NOENT
6	10.32.106.159	10.32.106.62	2013-07-22	NFS	V3 CREATE Call (Reply In 7), DH: 0x2cc9be18/abc.txt Mode: UNCHECKED
7	10.32.106.62	10.32.106.159	2013-07-22	NFS	V3 CREATE Reply (Call In 6)
69	10.32.106.159	10.32.106.62	2013-07-22	NFS	V3 WRITE Call (Reply In 104), FH: 0x531352e1 Offset: 0 Len: 131072 UNSTABLE
104	10.32.106.62	10.32.106.159	2013-07-22	NFS	V3 WRITE Reply (Call In 69) Len: 131072 UNSTABLE
130	10.32.106.159	10.32.106.62	2013-07-22	NFS	V3 WRITE Call (Reply In 302), FH: 0x531352e1 Offset: 131072 Len: 131072 UNSTABLE
190	10.32.106.159	10.32.106.62	2013-07-22	NFS	V3 WRITE Call (Reply In 303), FH: 0x531352e1 Offset: 262144 Len: 131072 UNSTABLE
251	10.32.106.159	10.32.106.62	2013-07-22	NFS	V3 WRITE Call (Reply In 305), FH: 0x531352e1 Offset: 393216 Len: 98076 UNSTABLE
302	10.32.106.62	10.32.106.159	2013-07-22	NFS	V3 WRITE Reply (Call In 130) Len: 131072 UNSTABLE
303	10.32.106.62	10.32.106.159	2013-07-22	NFS	V3 WRITE Reply (Call In 190) Len: 131072 UNSTABLE
305	10.32.106.62	10.32.106.159	2013-07-22	NFS	V3 WRITE Reply (Call In 251) Len: 98076 UNSTABLE
306	10.32.106.159	10.32.106.62	2013-07-22	NFS	V3 COMMIT Call (Reply In 307), FH: 0x531352e1
307	10.32.106.62	10.32.106.159	2013-07-22	NFS	V3 COMMIT Reply (Call In 306)
308	10.32.106.159	10.32.106.62	2013-07-22	NFS	V3 GETATTR Call (Reply In 309), FH: 0x531352e1
309	10.32.106.62	10.32.106.159	2013-07-22	NFS	V3 GETATTR Reply (Call In 308) Regular File mode: 0644 uid: 0 gid: 0

图 22

包号 1 和 2（见图 23）：

No.	Source	Destination	Time	Protocol	Info
1	10.32.106.159	10.32.106.62	2013-07-22	NFS	V3 ACCESS Call (Reply In 2), FH: 0x2cc9be18, [Check: RD
2	10.32.106.62	10.32.106.159	2013-07-22	NFS	V3 ACCESS Reply (Call In 1), [Allowed: RD LU MD XT DL]

图 23

客户端："我可以进入 0x2cc9be18（即/code 目录）吗？"

服务器："你的请求被接受了，进来吧。"

包号 4 和 5（见图 24）：

No.	Source	Destination	Time	Protocol	Info
4	10.32.106.159	10.32.106.62	2013-07-22	NFS	V3 LOOKUP Call (Reply In 5), DH: 0x2cc9be18/abc.txt
5	10.32.106.62	10.32.106.159	2013-07-22	NFS	V3 LOOKUP Reply (Call In 4) Error: NFS3ERR_NOENT

图 24

客户端："请问这里有叫 abc.txt 的文件么？"

服务器："没有。"[①]

包号 6 和 7（见图 25）：

No.	Source	Destination	Time	Protocol	Info
6	10.32.106.159	10.32.106.62	2013-07-22	NFS	V3 CREATE Call (Reply In 7), DH: 0x2cc9be18/abc.txt
7	10.32.106.62	10.32.106.159	2013-07-22	NFS	V3 CREATE Reply (Call In 6)

图 25

客户端："那我想创建一个叫 abc.txt 的文件。"

服务器："没问题，这个文件的 file handle 是 0x531352e1。"

包号 64、104、130、190（见图 26）：

No.	Source	Destination	Time	Protocol	Info
69	10.32.106.159	10.32.106.62	2013-07-22	NFS	V3 WRITE Call (Reply In 104), FH: 0x531352e1 Offset: 0 Len: 131072 UNSTABLE
104	10.32.106.62	10.32.106.159	2013-07-22	NFS	V3 WRITE Reply (Call In 69) Len: 131072 UNSTABLE
130	10.32.106.159	10.32.106.62	2013-07-22	NFS	V3 WRITE Call (Reply In 302), FH: 0x531352e1 Offset: 131072 Len: 131072 UNSTABLE
190	10.32.106.159	10.32.106.62	2013-07-22	NFS	V3 WRITE Call (Reply In 303), FH: 0x531352e1 Offset: 262144 Len: 131072 UNSTABLE

图 26

① 在创建一个文件之前，要先检查一下是否有同名文件存在。如果没有才能继续写，如果有，要询问用户是否覆盖原文件。

客户端："从 0x531352e1 的偏移量为 0 处（即 abc.txt 的文件开头）写 131072 字节。"

服务器："第一个 131072 字节写好了。"

客户端："从 0x531352e1 的偏移量为 131072 处（即接着上一个写完的位置）再写 131072 字节。"

客户端："从 0x531352e1 的偏移量为 262144 处（即接着上一个写完的位置）再写 131072 字节。"

（继续写，直到写完整个文件。）

包号 306 和 307（见图 27）：

No.	Source	Destination	Time	Protocol	Info
306	10.32.106.159	10.32.106.62	2013-07-22	NFS	V3 COMMIT Call (Reply In 307), FH: 0x531352e1
307	10.32.106.62	10.32.106.159	2013-07-22	NFS	V3 COMMIT Reply (Call In 306)

图 27

客户端："我刚才往 0x531352e1（也就是 abc.txt）写的数据都存盘了吗？"

服务器："都存好了。"[①]

包号 308 和 309（见图 28）：

No.	Source	Destination	Time	Protocol	Info
308	10.32.106.159	10.32.106.62	2013-07-22	NFS	V3 GETATTR Call (Reply In 309), FH: 0x531352e1
309	10.32.106.62	10.32.106.159	2013-07-22	NFS	V3 GETATTR Reply (Call In 308) Regular File mode

图 28

客户端："那我看看 0x531352e1（也就是 abc.txt）的文件属性。"

服务器："文件的权限、uid、gid、文件大小等信息都给你。"

① 这是 COMMIT 操作。对于 async 方式的 WRITE Call，服务器收到 Call 之后会在真正存盘前就回复 WRITE Reply，这样做是为了提高写性能。那么，客户端怎么知道哪些 WRITE Call 已经真正存盘了呢？COMMIT 操作就是为此而设计的。只有 COMMIT 过的数据才算真正写好。

这个例子的写操作也是多个 WRITE Call 连续发出去的，这是因为我们在挂载时没有指定任何参数，所以使用了默认的 async 写方式。和 async 相对应的是 sync 方式。假如 mount 时使用了 sync 参数（见图 29），客户端会先发送一个 WRITE Call，等收到 Reply 后再发下一个 Call，也就是说 WRITE Call 和 WRITE Reply 是交替出现的。除此之外，还有什么办法在包里看出一个写操作是 async 还是 sync 呢？答案就是每个 WRITE Call 上的“UNSTABLE”和“FILE_SYNC”标志，前者表示 async，后者表示 sync。图 30 显示了用 sync 参数后的网络包。

```
[root@shifm1 tmp]# mount -o sync 10.32.106.62:/code /tmp/code
[root@shifm1 tmp]# cp abc.txt /tmp/code/abc.txt
```

图 29

Filter: nfs Expression... Clear Apply Save

No.	Source	Destination	Time	Protocol	Info
1	10.32.106.159	10.32.106.62	2013-07-23	NFS	V3 ACCESS Call (Reply In 2), FH: 0x2cc9be18, [Check: RD LU MD XT DL]
2	10.32.106.62	10.32.106.159	2013-07-23	NFS	V3 ACCESS Reply (Call In 1), [Allowed: RD LU MD XT DL]
4	10.32.106.159	10.32.106.62	2013-07-23	NFS	V3 LOOKUP Call (Reply In 5), DH: 0x2cc9be18/abc.txt
5	10.32.106.62	10.32.106.159	2013-07-23	NFS	V3 LOOKUP Reply (Call In 4) Error: NFS3ERR_NOENT
6	10.32.106.159	10.32.106.62	2013-07-23	NFS	V3 CREATE Call (Reply In 7), DH: 0x2cc9be18/abc.txt Mode: UNCHECKED
7	10.32.106.62	10.32.106.159	2013-07-23	NFS	V3 CREATE Reply (Call In 6)
69	10.32.106.159	10.32.106.62	2013-07-23	NFS	V3 WRITE Call (Reply In 85), FH: 0x4fdab12d Offset: 0 Len: 131072 FILE_SYNC
85	10.32.106.62	10.32.106.159	2013-07-23	NFS	V3 WRITE Reply (Call In 69) Len: 131072 FILE_SYNC
137	10.32.106.159	10.32.106.62	2013-07-23	NFS	V3 WRITE Call (Reply In 166), FH: 0x4fdab12d Offset: 131072 Len: 131072 FILE_SYNC
166	10.32.106.62	10.32.106.159	2013-07-23	NFS	V3 WRITE Reply (Call In 137) Len: 131072 FILE_SYNC
209	10.32.106.159	10.32.106.62	2013-07-23	NFS	V3 WRITE Call (Reply In 245), FH: 0x4fdab12d Offset: 262144 Len: 131072 FILE_SYNC
245	10.32.106.62	10.32.106.159	2013-07-23	NFS	V3 WRITE Reply (Call In 209) Len: 131072 FILE_SYNC
270	10.32.106.159	10.32.106.62	2013-07-23	NFS	V3 WRITE Call (Reply In 305), FH: 0x4fdab12d Offset: 393216 Len: 98076 FILE_SYNC
305	10.32.106.62	10.32.106.159	2013-07-23	NFS	V3 WRITE Reply (Call In 270) Len: 98076 FILE_SYNC

图 30

从图 30 中不仅可以看到 FILE_SYNC 标志，还可以看到 WRITE Call 和 WRITE Reply 是交替出现的（也就是说没有连续的 Call）。不难想象，每个 WRITE Call 写多少数据也是影响写性能的重要因素，我们可以在 mount 时用 wsize 参数来指定每次应该写多少。不过在有些客户端上启用 sync 参数之后，无论 wsize 定义成多少都会被强制为 4KB，从而导致写性能非常差。那为什么还有人用 sync 方式呢？答案是有些特殊的应用要求服务器收到 sync 的写请求之后，一定要等到存盘才能回复 WRITE Reply，sync 操作正符合了这个需求。由此我们也可以推出 COMMIT 对于 sync 写操作是没有必要的。

非常值得一提的是，经常有人在 mount 时使用 noac 参数，然后发现读写性能都有问题。而根据 RFC 的说明，noac 只是让客户端不缓存文件属性而已，为什么会影响性能呢？光看文档也许永远发现不了原因。抓个包吧，Wireshark 会告诉我们答案。

先看写文件的情况（见图 31）：

```
[root@shifm1 tmp]# mount -o noac 10.32.106.62:/code /tmp/code
[root@shifm1 tmp]# cp abc.txt /tmp/code/abc.txt
```

图 31

在图 32 中，从 Write Call 里的 FILE_SYNC 可以知道，虽然在 mount 时并没有指定 sync 参数，但是 noac 把写操作强制变成 sync 方式了，性能自然也会下降。

Filter: nfs　Expression... Clear Apply Save

No.	Source	Destination	Time	Protocol	Info
1	10.32.106.159	10.32.106.62	2013-07-22	NFS	V3 GETATTR Call (Reply In 2), FH: 0x2cc9be18
2	10.32.106.62	10.32.106.159	2013-07-22	NFS	V3 GETATTR Reply (Call In 1) Directory mode: 0755 uid: 0 gid: 0
4	10.32.106.159	10.32.106.62	2013-07-22	NFS	V3 ACCESS Call (Reply In 5), FH: 0x2cc9be18, [Check: RD LU MD XT DL]
5	10.32.106.62	10.32.106.159	2013-07-22	NFS	V3 ACCESS Reply (Call In 4), [Allowed: RD LU MD XT DL]
6	10.32.106.159	10.32.106.62	2013-07-22	NFS	V3 READDIRPLUS Call (Reply In 7), FH: 0x2cc9be18
7	10.32.106.62	10.32.106.159	2013-07-22	NFS	V3 READDIRPLUS Reply (Call In 6) . .. lost+found .etc
9	10.32.106.159	10.32.106.62	2013-07-22	NFS	V3 ACCESS Call (Reply In 10), FH: 0x2cc9be18, [Check: RD LU MD XT DL]
10	10.32.106.62	10.32.106.159	2013-07-22	NFS	V3 ACCESS Reply (Call In 9), [Allowed: RD LU MD XT DL]
12	10.32.106.159	10.32.106.62	2013-07-22	NFS	V3 LOOKUP Call (Reply In 13), DH: 0x2cc9be18/abc.txt
13	10.32.106.62	10.32.106.159	2013-07-22	NFS	V3 LOOKUP Reply (Call In 12) Error: NFS3ERR_NOENT
14	10.32.106.159	10.32.106.62	2013-07-22	NFS	V3 CREATE Call (Reply In 15), DH: 0x2cc9be18/abc.txt Mode: UNCHECKED
15	10.32.106.62	10.32.106.159	2013-07-22	NFS	V3 CREATE Reply (Call In 14)
16	10.32.106.159	10.32.106.62	2013-07-22	NFS	V3 GETATTR Call (Reply In 17), FH: 0x8963b2bf
17	10.32.106.62	10.32.106.159	2013-07-22	NFS	V3 GETATTR Reply (Call In 16) Regular File mode: 0644 uid: 0 gid: 0
79	10.32.106.159	10.32.106.62	2013-07-22	NFS	V3 WRITE Call (Reply In 95), FH: 0x8963b2bf Offset: 0 Len: 131072 FILE_SYNC
95	10.32.106.62	10.32.106.159	2013-07-22	NFS	V3 WRITE Reply (Call In 79) Len: 131072 FILE_SYNC
147	10.32.106.159	10.32.106.62	2013-07-22	NFS	V3 WRITE Call (Reply In 175), FH: 0x8963b2bf Offset: 131072 Len: 131072 FILE_SYNC
175	10.32.106.62	10.32.106.159	2013-07-22	NFS	V3 WRITE Reply (Call In 147) Len: 131072 FILE_SYNC
218	10.32.106.159	10.32.106.62	2013-07-22	NFS	V3 WRITE Call (Reply In 254), FH: 0x8963b2bf Offset: 262144 Len: 131072 FILE_SYNC
254	10.32.106.62	10.32.106.159	2013-07-22	NFS	V3 WRITE Reply (Call In 218) Len: 131072 FILE_SYNC
314	10.32.106.159	10.32.106.62	2013-07-22	NFS	V3 GETATTR Call (Reply In 315), FH: 0x8963b2bf
315	10.32.106.62	10.32.106.159	2013-07-22	NFS	V3 GETATTR Reply (Call In 314) Regular File mode: 0644 uid: 0 gid: 0

图 32

再看读文件时的情况（见图 33）：

```
[root@shifm1 tmp]# mount -o noac 10.32.106.62:/code /tmp/code
[root@shifm1 tmp]# cat /tmp/code/abc.txt
```

Filter: nfs　Expression... Clear Apply Save

No.	Source	Destination	Time	Protocol	Info
1	10.32.106.159	10.32.106.62	2013-07-22	NFS	V3 ACCESS Call (Reply In 2), FH: 0x2cc9be18, [Check: RD LU MD XT DL]
2	10.32.106.62	10.32.106.159	2013-07-22	NFS	V3 ACCESS Reply (Call In 1), [Allowed: RD LU MD XT DL]
4	10.32.106.159	10.32.106.62	2013-07-22	NFS	V3 GETATTR Call (Reply In 5), FH: 0xbfca2f36
5	10.32.106.62	10.32.106.159	2013-07-22	NFS	V3 GETATTR Reply (Call In 4) Regular File mode: 0644 uid: 0 gid: 0
6	10.32.106.159	10.32.106.62	2013-07-22	NFS	V3 ACCESS Call (Reply In 7), FH: 0xbfca2f36, [Check: RD MD XT XE]
7	10.32.106.62	10.32.106.159	2013-07-22	NFS	V3 ACCESS Reply (Call In 6), [Allowed: RD MD XT XE]
8	10.32.106.159	10.32.106.62	2013-07-22	NFS	V3 GETATTR Call (Reply In 9), FH: 0xbfca2f36
9	10.32.106.62	10.32.106.159	2013-07-22	NFS	V3 GETATTR Reply (Call In 8) Regular File mode: 0644 uid: 0 gid: 0
10	10.32.106.159	10.32.106.62	2013-07-22	NFS	V3 READ Call (Reply In 152), FH: 0xbfca2f36 Offset: 0 Len: 131072
11	10.32.106.159	10.32.106.62	2013-07-22	NFS	V3 READ Call (Reply In 293), FH: 0xbfca2f36 Offset: 131072 Len: 131072
152	10.32.106.62	10.32.106.159	2013-07-22	NFS	V3 READ Reply (Call In 10) Len: 131072
293	10.32.106.62	10.32.106.159	2013-07-22	NFS	V3 READ Reply (Call In 11) Len: 131072
295	10.32.106.159	10.32.106.62	2013-07-22	NFS	V3 GETATTR Call (Reply In 296), FH: 0xbfca2f36
296	10.32.106.62	10.32.106.159	2013-07-22	NFS	V3 GETATTR Reply (Call In 295) Regular File mode: 0644 uid: 0 gid: 0
297	10.32.106.159	10.32.106.62	2013-07-22	NFS	V3 READ Call (Reply In 540), FH: 0xbfca2f36 Offset: 262144 Len: 131072
298	10.32.106.159	10.32.106.62	2013-07-22	NFS	V3 READ Call (Reply In 400), FH: 0xbfca2f36 Offset: 393216 Len: 98076
400	10.32.106.62	10.32.106.159	2013-07-22	NFS	V3 READ Reply (Call In 298) Len: 98076
540	10.32.106.62	10.32.106.159	2013-07-22	NFS	V3 READ Reply (Call In 297) Len: 131072
541	10.32.106.159	10.32.106.62	2013-07-22	NFS	V3 GETATTR Call (Reply In 542), FH: 0xbfca2f36
542	10.32.106.62	10.32.106.159	2013-07-22	NFS	V3 GETATTR Reply (Call In 541) Regular File mode: 0644 uid: 0 gid: 0
543	10.32.106.159	10.32.106.62	2013-07-22	NFS	V3 GETATTR Call (Reply In 544), FH: 0xbfca2f36
544	10.32.106.62	10.32.106.159	2013-07-22	NFS	V3 GETATTR Reply (Call In 543) Regular File mode: 0644 uid: 0 gid: 0
545	10.32.106.159	10.32.106.62	2013-07-22	NFS	V3 GETATTR Call (Reply In 546), FH: 0xbfca2f36
546	10.32.106.62	10.32.106.159	2013-07-22	NFS	V3 GETATTR Reply (Call In 545) Regular File mode: 0644 uid: 0 gid: 0

图 33

从图 33 中可以看到，在读文件过程中，客户端频繁地通过 GETATTR 查询文件属性，所以读性能也受到了影响，在高延迟的网络中影响尤为明显。

纵观全文，我们分析了挂载过程的每个步骤，理清了 NFS 的安全机制，还研究了读写过程的各种细节，几乎把 NFS 协议的方方面面都覆盖了。如果你认真读完本文，可以说对 NFS 的理解已经达到很高的境界，以后碰到类似 noac 这般隐蔽的问题也难不倒你。假如真能遇到棘手的难题，我建议用 Wireshark 分析。一旦用它解决了第一个问题，恭喜你，很快就会中毒上瘾的。中毒之后会有什么症状呢？你可能碰到什么问题都想抓个包分析，就像小时候刚学会骑车一样，到小区门口打个酱油都要骑车去。

从Wireshark看网络分层

对于刚上网络课的学生来说，最难理解的莫过于网络分层了。

“只不过是传输一些数据，为什么要分那么多层次呢？”这是大学里一直困扰我的问题。虽然课本在此处花费了不少笔墨，但还是过于抽象，我始终无法想像一个网络包里的层次究竟是什么样子。这对一名网络工程师来说是不可接受的，就像连器官都分不清楚的医生，谁能放心让他做手术呢？幸好后来遇到 Wireshark，才算解开了这个疑问。

前文已经介绍过 NFS 协议，我们便以它为例来学习网络分层。图 1 是客户端 10.32.106.159 往服务器 10.32.106.62 上写文件时抓的网络包。

```
No. Source          Destination     Time                 Protocol  Info
 13 10.32.106.159   10.32.106.62    2013-08-11 10:14:10  NFS       V3 CREATE Call (Reply In 14), DH:0x2cc9be18/test.txt Mode:UNCHECKED
 14 10.32.106.62    10.32.106.159   2013-08-11 10:14:10  NFS       V3 CREATE Reply (Call In 13)
 15 10.32.106.159   10.32.106.62    2013-08-11 10:14:10  NFS       V3 WRITE Call (Reply In 17), FH:0xf87a7de0 Offset:0 Len:28 FILE_SYNC
 16 10.32.106.62    10.32.106.159   2013-08-11 10:14:10  TCP       nfs > 804 [ACK] Seq=637 Ack=789 Win=393216 Len=0 TSval=71812221 TSecr
 17 10.32.106.62    10.32.106.159   2013-08-11 10:14:10  NFS       V3 WRITE Reply (Call In 15) Len:28 FILE_SYNC

⊞ Frame 15: 250 bytes on wire (2000 bits), 250 bytes captured (2000 bits)
⊞ Ethernet II, Src: Intel_d4:4d:e2 (00:04:23:d4:4d:e2), Dst: Clariion_2b:5d:b2 (00:60:16:2b:5d:b2)
⊞ Internet Protocol, Src: 10.32.106.159 (10.32.106.159), Dst: 10.32.106.62 (10.32.106.62)
⊞ Transmission Control Protocol, Src Port: 804 (804), Dst Port: nfs (2049), Seq: 605, Ack: 637, Len: 184
⊞ Remote Procedure Call, Type:Call XID:0x37796fa7
⊞ Network File System, WRITE Call FH:0xf87a7de0 Offset:0 Len:28 FILE_SYNC

0000  00 60 16 2b 5d b2 00 04  23 d4 4d e2 08 00 45 00   .`.+]... #.M...E.
0010  00 ec 44 60 40 00 40 06  0c 8f 0a 20 6a 9f 0a 20   ..D`@.@. ... j..
0020  6a 3e 03 24 08 01 f4 aa  52 09 56 10 62 7e 80 18   j>.$.... R.V.b~..
0030  00 d8 e9 fb 00 00 01 01  08 0a 9e b9 0e 30 04 47   ........ .....0.G
0040  c4 7d 80 00 00 b4 37 79  6f a7 00 00 00 00 00 00   .}....7y o.......
0050  00 02 00 01 86 a3 00 00  00 03 00 00 00 07 00 00   ........ ........
0060  00 01 00 00 00 38 00 a2  88 3f 00 00 00 06 73 68   .....8.. .?....sh
0070  69 66 6d 31 00 00 00 00  00 00 00 00 00 00 00 00   ifm1.... ........
0080  00 07 00 00 00 00 00 00  00 01 00 00 00 02 00 00   ........ ........
0090  00 03 00 00 00 04 00 00  00 06 00 00 00 0a 00 00   ........ ........
00a0  00 00 00 00 00 00 00 00  00 20 9b 0c 00 00 01 00   ........ . ......
00b0  00 00 16 00 00 00 41 fc  06 52 9b 0c 00 00 01 00   ......A. .R......
00c0  00 00 02 00 00 00 00 00  00 00 00 00 00 00 00 00   ........ ........
00d0  00 00 00 00 00 1c 00 00  00 02 00 00 00 1c 54 68   ........ ......Th
00e0  69 73 20 69 73 20 50 65  69 6d 61 6e 27 73 20 74   is is Pe iman's t
00f0  65 73 74 20 66 69 6c 65  2e 0a                     est file ..
```

图 1

这 5 个包大概做了下面这些事。

客户端：“我想创建 test.txt。”

服务器：“创建成功啦（该文件的 file handle 是 0xf87a7de0，点开包才能看到）。”

客户端："我想写 28 个字节到该文件里（这些字节显示在图 1 的右下角）。"

服务器："收到啦。"

服务器："写好啦。"

其中第 3 个包（编号为 15）的详情如图 2 所示。Wireshark 已经形象地把这个包的内容用分层的结构显示出来。

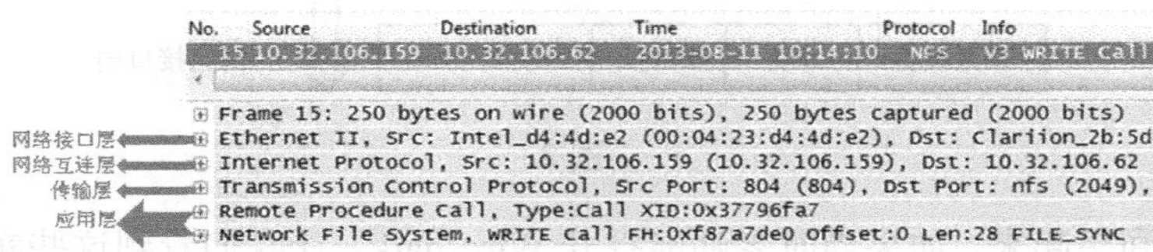

图 2

- 应用层：由于 NFS 是基于 RPC 的协议，所以 Wireshark 把它分成 NFS 和 RPC 两行来显示。仔细检查这一层的详细信息，会发现它只专注于文件操作，比如读或者写，而对于数据传输一无所知。点开"+"号便能看到这个写操作的详情，比如用户的 UID、文件的 file handle 和要写的字节数等。

- 传输层：这一层用到了 TCP 协议。应用层所产生的数据就是由 TCP 来控制传输的。点开 TCP 层前的"+"号，我们可以看到 Seq 号和 Ack 号等一系列信息，它们用于网络包的排序、重传、流量控制等。虽然名曰"传输层"，但它并不是把网络包从一个设备传到另一个，而只是对传输行为进行控制。真正负责设备间传输的是下面两层。TCP 是非常有用的协议，也是本书的重点。

- 网络互连层（网络层）：在这个包中，本层的主要任务是把 TCP 层传下来的数据加上目标地址和源地址。有了目标地址，数据才可能送达接收方；而有了源地址，接收方才知道发送方是谁。

- 网络接口层（数据链路层）：从中可以看到相邻两个设备的 MAC 地址，因此该网络包才能以接力的方式送达目标地址。

从这个例子中，我们可以看到网络分层就像是有序的分工。每一层都有自己的责任范围，上层协议完成工作后就交给下一层，最终形成一个完整的网络包。这个过程可以用图 3 表示。

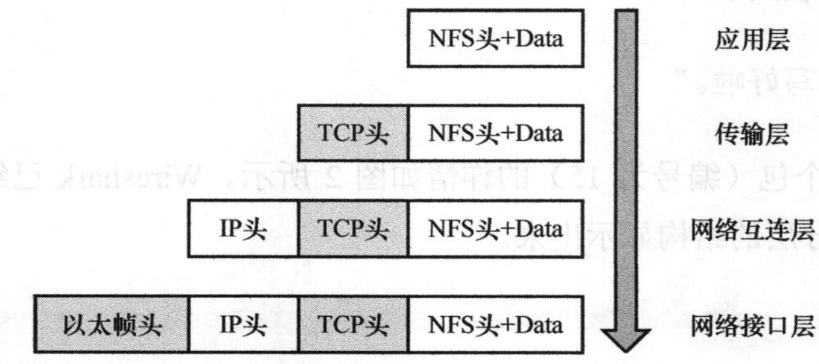

图 3

现在回想起来，如果当时老师能打开 Wireshark，让我们看到这些实实在在的分层，我也不会困惑那么久了（假如那天我没有逃课的话）。不过教科书上有一个例子，倒的确是很有助于理解分层的，这么多年之后我还记得它——有位经理想给另一个城市的经理寄个文件，过程大概如图 4 所示。

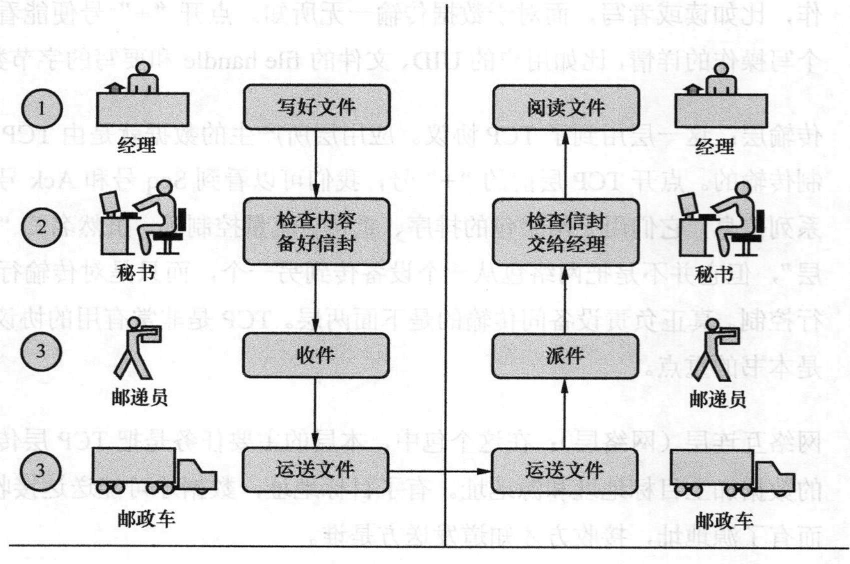

图 4

这个场景中的 4 个角色可以对应网络的 4 个层次，每个角色都有自己的分工，最终完成文件的送达。分工会带来很多好处，因为每个人都可以专注自己擅长的领域，更好地服务他人。经理不一定要学会开车，就像写 NFS 代码的程序员可以完全不懂路由协议。秘书可以服务多名经理，正如TCP层可以支持很多应用层协议。

如果让邮递员包揽秘书的工作，是否也可以呢？说不定也能做到，虽然听上去很滑稽。历史上还真存在过这种情况——TCP和IP刚发明的时候就是合在一层的，后来才拆成两层。那么，如果在经理和秘书之间加个助理，专门负责检查错别字，会有问题吗？与很多官僚作风严重的机构一样，多盖一个章就要多花一些时间。还记得20世纪那场OSI七层模型与TCP/IP模型的竞争吗？最终胜出的就是分层更简单的TCP/IP模型。要知道网络分层的目的并不仅仅是完成任务，而是要用最好的方式来完成。

理解了分层的基本概念，我们再来看看复杂一点的情况。如果这个写操作比较大，变成8192字节，TCP层又该如何处理？是否也是简单地加上TCP头就交给网络互连层（网络层）呢？答案是否定的。因为网络对包的大小是有限制的，其最大值称为MTU，即"最大传输单元"。大多数网络的MTU是1500字节，但也有些网络启用了巨帧（Jumbo Frame），能达到9000字节。一个8192字节的包进入巨帧网络不会有问题，但到了1500字节的网络中就会被丢弃或者切分。被丢弃意味着传输彻底失败，因为重传的包还会再一次被丢弃。而被切分则意味着传输效率降低。

由于这个原因，TCP不想简单地把8192字节的数据一口气传给网络互连层，而是根据双方的MTU决定每次传多少。知道自己的MTU容易，但对方的MTU如何获得呢？如图5所示，在TCP连接建立（三次握手）时，双方都会把自己的MSS（Maximum Segment Size）告诉对方。MSS加上TCP头和IP头的长度，就得到MTU了。

No.	Source	Destination	Time	Protocol	Info
1	10.32.106.159	10.32.106.62	2013-08-14 13:27:06	TCP	33763 > sunrpc [SYN] Seq=0 Win=17920 Len=0 MSS=8960 SACK_PERM=1 TSval=2730053089 TSecr=0
2	10.32.106.62	10.32.106.159	2013-08-14 13:27:06	TCP	sunrpc > 33763 [SYN, ACK] Seq=0 Ack=1 Win=65535 Len=0 MSS=1460 SACK_PERM=1 WS=8 TSval=37
3	10.32.106.159	10.32.106.62	2013-08-14 13:27:06	TCP	33763 > sunrpc [ACK] Seq=1 Ack=1 Win=17920 Len=0 TSval=2730053090 TSecr=372895

图5

在第一个包里，客户端声明自己的MSS是8960，意味着它的MTU就是8960+20（TCP头）+20（IP头）=9000。在第二个包里，服务器声明自己的MSS是1460，意味着它的MTU就是1460+20+20=1500。图6是TCP连接建立之后的写操作，我们来看看究竟是哪个MTU起了作用。

客户端在包号 46 创建了 abc.txt，然后通过 48、49、51、52、54 和 55 共 6 个包完成了这个 8192 字节的写操作。这些包的大小符合接收方的 MTU 1500 字节（见图 6 中划线的 Total Length: 1500），而不是发送方本身支持的 9000 字节。也就是说，接收方的 MTU 起了决定作用。

```
No. Source          Destination     Time                 Protocol  Info
 46 10.32.106.159  10.32.106.62   2013-08-14 13:27:13  NFS   V3 CREATE Call (Reply In 47), DH:0x2cc9be18/abc.txt Mode:UNCHECKED
 47 10.32.106.62   10.32.106.159  2013-08-14 13:27:13  NFS   V3 CREATE Reply (Call In 46)
 48 10.32.106.159  10.32.106.62   2013-08-14 13:27:13  TCP   [TCP segment of a reassembled PDU]
 49 10.32.106.159  10.32.106.62   2013-08-14 13:27:13  TCP   [TCP segment of a reassembled PDU]
 50 10.32.106.62   10.32.106.159  2013-08-14 13:27:13  TCP   nfs > silc [ACK] Seq=885 Ack=3681 Win=393216 Len=0 TSval=372931 TSecr=
 51 10.32.106.159  10.32.106.62   2013-08-14 13:27:13  TCP   [TCP segment of a reassembled PDU]
 52 10.32.106.159  10.32.106.62   2013-08-14 13:27:13  TCP   [TCP segment of a reassembled PDU]
 53 10.32.106.62   10.32.106.159  2013-08-14 13:27:13  TCP   nfs > silc [ACK] Seq=885 Ack=6577 Win=393216 Len=0 TSval=372931 TSecr=
 54 10.32.106.159  10.32.106.62   2013-08-14 13:27:13  TCP   [TCP segment of a reassembled PDU]
 55 10.32.106.159  10.32.106.62   2013-08-14 13:27:13  NFS   V3 WRITE Call (Reply In 57), FH:0x6ae853a5 Offset:0 Len:8192 FILE_SYNC
 56 10.32.106.62   10.32.106.159  2013-08-14 13:27:13  TCP   nfs > silc [ACK] Seq=885 Ack=9133 Win=393216 Len=0 TSval=372931 TSecr=
 57 10.32.106.62   10.32.106.159  2013-08-14 13:27:13  NFS   V3 WRITE Reply (Call In 55) Len:8192 FILE_SYNC

⊞ Frame 48: 1514 bytes on wire (12112 bits), 1514 bytes captured (12112 bits)
⊞ Ethernet II, Src: Intel_d4:4d:e2 (00:04:23:d4:4d:e2), Dst: Clariion_2b:5d:b2 (00:60:16:2b:5d:b2)
⊟ Internet Protocol, Src: 10.32.106.159 (10.32.106.159), Dst: 10.32.106.62 (10.32.106.62)
    Version: 4
    Header length: 20 bytes
  ⊞ Differentiated Services Field: 0x00 (DSCP 0x00: Default; ECN: 0x00: Not-ECT (Not ECN-Capable Transport))
    Total Length: 1500
    Identification: 0x81e7 (33255)
  ⊞ Flags: 0x02 (Don't Fragment)
    Fragment offset: 0
    Time to live: 64
    Protocol: TCP (6)
  ⊞ Header checksum: 0xca17 [correct]
    Source: 10.32.106.159 (10.32.106.159)
    Destination: 10.32.106.62 (10.32.106.62)
⊞ Transmission Control Protocol, Src Port: silc (706), Dst Port: nfs (2049), Seq: 785, Ack: 885, Len: 1448
```

图 6

假如把客户端和服务器的 MTU 互换一下，这时客户端最大能发出多少字节的包呢？答案还是 1500。因为无论接受方的 MTU 有多大，发送方都不能发出超过自己 MTU 的包。我们可以得到这样的结论：发包的大小是由 MTU 较小的一方决定的。

这个例子告诉我们，分层之间的关系还不仅是分工。某些分层的协议，比如 TCP，甚至会主动为下一层着想，从而避免很多问题。当然这个方案还不算完美。如果网络路径上存在着一个 MTU 小于 1500 的设备，这个包还是可能被丢弃或者切分。正如 Wikipedia 所说，“There is no simple method to discover the MTU of links”。

一个分层的概念就写了这么多，你或许早就开始纳闷：为什么网络要设计得如此复杂？又是分层又是分组的。其实当我被各种难题搞得焦头烂额的时候，也有过这个想法，但无奈这就是现实——假如没有这么复杂的设计，网络就不会如此强大，也达不到今天的规模。从另一个角度考虑，正是复杂的设计才让我们有了这份工作，感谢祖师爷们赐饭。

TCP 的连接启蒙

听说现在的年青人可以用手机摇到妹子，可惜在我们那个年代，手机的主要功能只有两个——电话和短信。人们凭直觉决定该打电话还是发短信，却很少去深究这两者的本质差别。

打电话时要先拨号，等接通之后才开始讲话。如果有人还没拨号就对着电话自言自语，旁人一定会觉得很诡异。而发短信时根本不用考虑对方在干嘛，直接发出去就是了。这两种方式的本质差别就是，打电话时要先"建立连接"（即拨号），而短信不需要。建立连接需要花费一些时间，但也意味着更加可靠。我们可以在电话上确保对方已经听明白。而短信就不行了，发送之后并不知道对方是否及时收到，也不知道有没有产生误解。有一个笑话这样调侃短信所引发的事故——出差的丈夫一大早就给妻子发了条短信"I had a wonderful night, and really wish you were here"。不幸的是，他少打了最后一个"e"，这个误会估计需要一个面对面的连接才能化解。

网络的传输层和手机一样用于传递信息。它也有两种方式——TCP 和 UDP，其中 TCP 是基于连接的，而 UDP 不需要连接。它们各自支持一些应用层协议，但也有些协议是两者都支持的，比如 DNS。我们正好可以用 DNS 来比较 TCP 和 UDP 的差别。在我的实验室中，客户端 10.32.106.159 向 DNS 服务器 10.32.106.103 发起一个 DNS 查询，以期获得 paddy_cifs.nas.com 所对应的 IP 地址。

1. DNS 默认使用 UDP 的情况下（见图 1）：

```
[root@shifm1 ~]# nslookup
> paddy_cifs.nas.com
Server:         10.32.106.103
Address:        10.32.106.103#53
Name:   paddy_cifs.nas.com
Address: 10.32.106.77
>exit
```

图 1

这个过程的所有网络包如图 2 所示：

No.	Source	Destination	Time	Protocol	Info
1	10.32.106.159	10.32.106.103	2013-08-13 16:57:52	DNS	Standard query A paddy_cifs.nas.com
2	10.32.106.103	10.32.106.159	2013-08-13 16:57:52	DNS	Standard query response A 10.32.106.77

图 2

2. 用 set vc 强制 DNS 使用 TCP 的情况下（见图 3）：

```
[root@shifm1 ~]# nslookup
> set vc
> paddy_cifs.nas.com
Server:         10.32.106.103
Address:        10.32.106.103#53
Name:   paddy_cifs.nas.com
Address: 10.32.106.77
>exit
```

图 3

这个过程的所有网络包如图 4 所示：

No.	Source	Destination	Time	Protocol	Info
1	10.32.106.159	10.32.106.103	16:39:08.396	TCP	38541 > domain [SYN] Seq=0 Win=5840 Len=0 MSS=1460 SACK_PERM=1 TSva
2	10.32.106.103	10.32.106.159	16:39:08.396	TCP	domain > 38541 [SYN, ACK] Seq=0 Ack=1 Win=16384 Len=0 MSS=1460 WS=1
3	10.32.106.159	10.32.106.103	16:39:08.396	TCP	38541 > domain [ACK] Seq=1 Ack=1 Win=5856 Len=0 TSval=2711905588 TS
4	10.32.106.159	10.32.106.103	16:39:08.396	DNS	Standard query A paddy_cifs.nas.com
5	10.32.106.103	10.32.106.159	16:39:08.397	DNS	Standard query response A 10.32.106.77
6	10.32.106.159	10.32.106.103	16:39:08.397	TCP	38541 > domain [ACK] Seq=39 Ack=55 Win=5856 Len=0 TSval=2711905588
7	10.32.106.159	10.32.106.103	16:39:08.397	TCP	38541 > domain [FIN, ACK] Seq=39 Ack=55 Win=5856 Len=0 TSval=271190
8	10.32.106.103	10.32.106.159	16:39:08.398	TCP	domain > 38541 [ACK] Seq=55 Ack=40 Win=65497 Len=0 TSval=81445534 T
9	10.32.106.103	10.32.106.159	16:39:08.398	TCP	domain > 38541 [FIN, ACK] Seq=55 Ack=40 Win=65497 Len=0 TSval=81445
10	10.32.106.159	10.32.106.103	16:39:08.398	TCP	38541 > domain [ACK] Seq=40 Ack=56 Win=5856 Len=0 TSval=2711905588

图 4

从这两种情况的截图可以看到，真正起查询作用的只有两个 DNS 包。

客户端：“paddy_cifs.nas.com 的 IP 是多少啊？”

服务器：“是 10.32.106.77。”

在使用 UDP 的情况下，的确只用这两个包就完成了 DNS 查询。但在使用 TCP 时，要先用 3 个包（包号 1、2、3）来建立连接。查询结束后，又用了 4 个包（包号 7、8、9、10）来断开连接。Wireshark 把这两种情况的差别完全显示出来了。我们可以从中看到连接的成本远远超过 DNS 查询本身，这对繁忙的 DNS 服务器来说无疑是巨大的压力。如果你的 DNS 还在使用 TCP，该考虑更改了。

连接当然要付出代价，但带来的好处也很多，这就是为什么多数应用层协议还是基于 TCP 的原因。在以后的章节里，你将从 Wireshark 看到 TCP 的巨大优势，不过在此之前，一定要理解 TCP 的工作原理。Wireshark 上能看到很多 TCP 参数，理解了它们就是学习 TCP 最好的开始。图 5 是 10.32.106.159 往 10.32.106.62 传数据的过程。我已经把一些参数用黑框标志出来，以便阅读时参照。

No.	Source	Destination	Time	Protocol	Info
51	10.32.106.159	10.32.106.62	2013-08-14	TCP	[Continuation to #48] silc > nfs [ACK] Seq=3681 Ack=885 Win=21152 Len=1448
52	10.32.106.159	10.32.106.62	2013-08-14	TCP	[Continuation to #48] silc > nfs [ACK] Seq=5129 Ack=885 Win=21152 Len=1448
53	10.32.106.62	10.32.106.159	2013-08-14	TCP	nfs > silc [ACK] Seq=885 Ack=6577 Win=393216 Len=0 TSval=372931 TSecr=27300
54	10.32.106.159	10.32.106.62	2013-08-14	TCP	[Continuation to #48] silc > nfs [ACK] Seq=6577 Ack=885 Win=21152 Len=1448
55	10.32.106.159	10.32.106.62	2013-08-14	TCP	[Continuation to #48] silc > nfs [PSH, ACK] Seq=8025 Ack=885 Win=21152 Len=
56	10.32.106.62	10.32.106.159	2013-08-14	TCP	nfs > silc [ACK] Seq=885 Ack=9133 Win=393216 Len=0 TSval=372931 TSecr=27300

图 5

Seq：表示该数据段的序号，如图 5 中的 Seq＝3681。

TCP 提供有序的传输，所以每个数据段都要标上一个序号。当接收方收到乱序的包时，有了这个序号就可以重新排序了。我们不一定要知道 Seq 号的起始值是怎么算出来的，但必须理解它的增长方式。如图 6 所示，数据段 1 的起始 Seq 号为 1，长度为 1448（意味着它包含了 1448 个字符），那么数据段 2 的 Seq 号就为 1+1448=1449。数据段 2 的长度也是 1448，所以数据段 3 的 Seq 号为 1449+1448=2897。也就是说，一个 Seq 号的大小是根据上一个数据段的 Seq 号和长度相加而来的。

数据段1　Seq=1				数据段2　Seq=1449				数据段3　Seq=2897			
1	2	...	1448	1449	1450	...	2896	2897	2898	...	4344

图 6

图 5 的 Wireshark 截屏也显示了相同的情况，51 号包的 Seq=3681，Len=1448，所以 52 号包的 Seq=3681+1448=5129。这个 Seq 号是由这两个包的发送方，也就是 10.32.106.159 维护的。

由于 TCP 是双向的，在一个连接中双方都可以是发送方，所以各自维护了一个 Seq 号。53 号包和 56 号包的 Seq 号是 10.32.106.62 维护的，由于 53 号包的 Seq=885，Len=0，所以 56 号包的 Seq=885+0=885。

Len：该数据段的长度，如图 5 中的 Len=1448，注意这个长度不包括 TCP 头。图 5 中虽然 10.32.106.62 发出的两个包 Len=0，但其实是有 TCP 头的。头部本身携带的信息很多，所以不要以为 Len=0 就没意义。

Ack：确认号，如图 5 中的 Ack＝6577，接收方向发送方确认已经收到了哪些字节。

比如甲发送了"Seq: x Len: y"的数据段给乙，那乙回复的确认号就是 x+y，这意味着它收到了 x+y 之前的所有字节。同样以图 5 为例，52 号包的 Seq=5129，Len=1448，所以来自接收方的 53 号包的 Ack=5129+1448=6577，表示收到了 6577 之前的所有字节。理论上，接收方回复的 Ack 号恰好就等于发送方的下一个 Seq 号，所以我们可以看到 54 号包的 Seq 也等于 5129+1448=6577。

你也许想问 51 号包为什么没有对应的确认包呢？其实 53 号包确认 6577 的时候，表示序号小于 6577 的所有字节都收到了，相当于把 51 号发送的字节也一并确认了，也就是说 TCP 的确认是可以累积的。

在一个 TCP 连接中，因为双方都可以是接收方，所以它们各自维护自己的 Ack 号。本例中 10.32.106.62 没有发送任何字节，所以 10.32.106.159 发出的 Ack 号一直不变。

你可能要花些心思来学习这几个参数，不过付出是值得的。因为一旦理解了它们，接下来学习 TCP 的特性就会水到渠成。比如当包乱序时，接收方只要根据 Seq 号从小到大重新排好就行了，这样就保证了 TCP 的有序性。再比如有包丢失时，接收方通过前一个 Seq+Len 的值与下一个 Seq 的差，就能判断缺了哪些包，这保证了 TCP 的可靠性。我们举个例子来说明这两种状况，以下 3 个包到达了接收方（见表 1）：

表 1

第一个包	第二个包	第三个包
Seq:301 Len:100	Seq:101 Len:100	Seq:401 Len:100

很明显，从 Seq 号可见它们的顺序是乱的。重新排序之后应该是下面这个样

子（见表 2）：

表 2

Seq:101 Len:100	Seq:301 Len:100	Seq:401 Len:100

排序完之后还是有问题。第一个包的 Seq+Len=101+100=201，意味着下一个包本应该是 Seq:201，而不是实际收到的 Seq:301。由此接收方可以推断，“Seq:201”这个包可能已经丢失了。于是它回复 Ack:201 给发送方，提醒它重传 Seq:201。

除了这几个参数，TCP 头还附带了很多标志位，在 Wireshark 上经常可以看到下面这些。

- SYN：携带这个标志的包表示正在发起连接请求。因为连接是双向的，所以建立连接时，双方都要发一个 SYN。
- FIN：携带这个标志的包表示正在请求终止连接。因为连接是双向的，所以彻底关闭一个连接时，双方都要发一个 FIN。
- RST：用于重置一个混乱的连接，或者拒绝一个无效的请求。

如图 7 所示，我故意尝试连接一台 Linux 服务器的 445 端口（一般只有 Windows 上才开启这个端口，Wireshark 上把该端口显示为 microsoft-ds），结果就被 RST 了。当然这个实验属于“没事找抽型”，实际环境中的 RST 往往意味着大问题。如果你在 Wireshark 中看到一个 RST 包，务必睁大眼睛好好检查。

No.	Source	Destination	Time	Protocol	Info
169	10.32.200.43	10.32.106.173	2013-09-02 10:55:18	TCP	62114 > microsoft-ds [SYN] Seq=0 Win=8192 Len=0 MSS=1428
170	10.32.106.173	10.32.200.43	2013-09-02 10:55:18	TCP	microsoft-ds > 62114 [RST, ACK] Seq=1 Ack=1 Win=0 Len=0

图 7

了解了这些参数和标志位，我们就可以学习 TCP 是如何管理连接的了。图 8 是一个标准的连接建立过程：

No.	Source	Destination	Time	Protocol	Info
1	10.32.106.159	10.32.106.103	2013-08-13	TCP	38541 > domain [SYN] Seq=0 Win=5840 Len=0 MSS=1460 SACK_PERM=1
2	10.32.106.103	10.32.106.159	2013-08-13	TCP	domain > 38541 [SYN, ACK] Seq=0 Ack=1 Win=16384 Len=0 MSS=1460
3	10.32.106.159	10.32.106.103	2013-08-13	TCP	38541 > domain [ACK] Seq=1 Ack=1 Win=5856 Len=0 TSval=27119055

图 8

这三个包就是传说中的“三次握手”。事实上，握手时 Seq 号并不是从 0 开始的。我们之所以在 Wireshark 上看到 Seq=0，是因为 Wireshark 启用了 Relative Sequence Number。如果你想关闭这个功能，可以在 Edit-->Preferences-->protocols-->TCP 里设置。

握手过程可以用图 9 来表示。

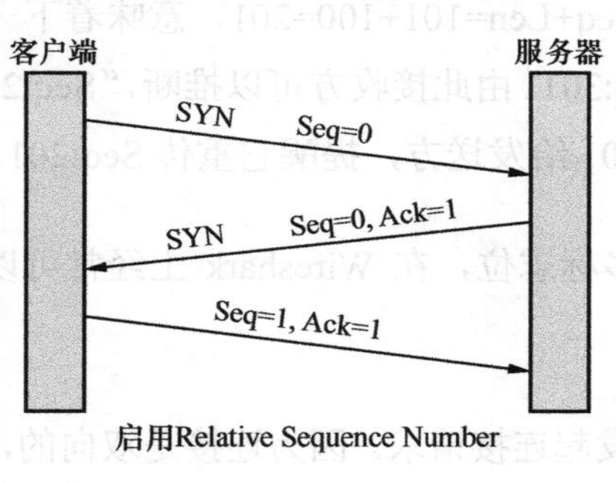

启用Relative Sequence Number

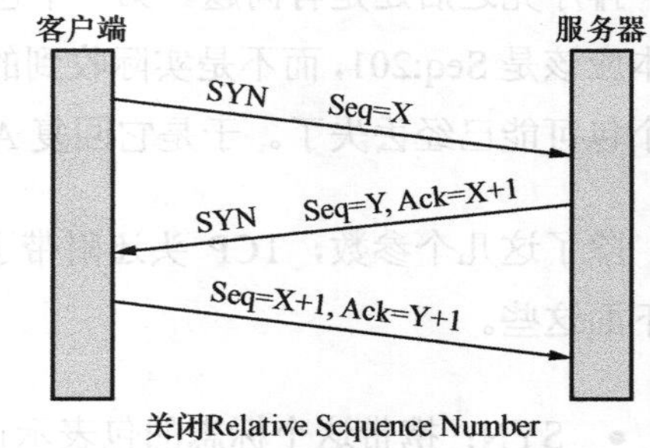

关闭Relative Sequence Number

图 9

如果用文字来表达，过程就是这样的。

客户端：“我能跟你建立连接吗？我的初始发送序号是 X。如果你答应就 Ack=X+1。”

服务器：“收到啦，Ack=X+1。我也想跟你建立连接。我的初始发送序号是 Y，你如果答应连接就 Ack＝Y+1。”

客户端：“收到啦，Ack＝Y+1。”

为什么要用三个包来建立连接呢，用两个不可以吗？其实也是可以的，但两个不够可靠。我们可以设想一个情况来说明这个问题：某个网络有多条路径，客户端请求建立连接的第一个包跑到一条延迟严重的路径上了，所以迟迟没有到达服务器。因此，客户端只能当作这个请求丢失了，不得不再请求一次。由于第二个请求走了正确的路径，所以很快完成工作并关闭了连接。对于客户端来说，事情似乎已经结束了。没想到它的第一个请求经过跋山涉水，还是到达了服务器。如图 10 所示，服务器并不知道这是一个旧的无效请求，所以按照惯例回复了。假如 TCP 只要求两次握手，服务器上就这样建立了一个无效的连接。而在三次握手的机制下，客户端收到服务器的回复时，知道这个连接不是它想要的，所以就发一个拒绝包。服务器收到这个包后，也放弃这个连接。

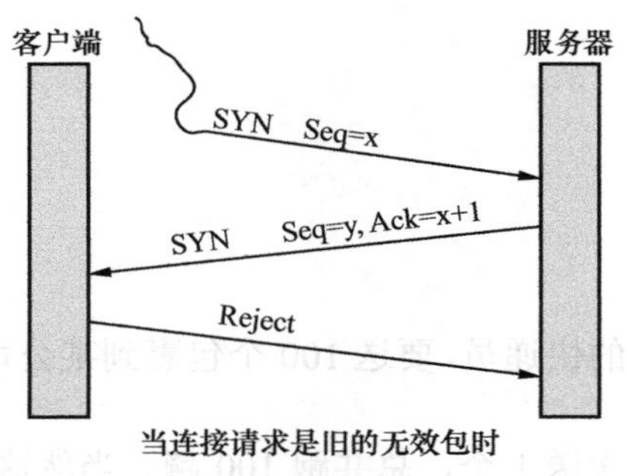

当连接请求是旧的无效包时

图 10

经过三次握手之后，连接就建立了。双方可以利用 Seq、Ack 和 Len 等参数互传数据。传完之后如何断开连接呢？图 11 就是 TCP 断开连接的“四次挥手”过程。

No.	Source	Destination	Time	Protocol	Info
7	10.32.106.159	10.32.106.103	2013-08-13 16:39:08	TCP	38541 > domain [FIN, ACK] Seq=39 Ack=55 Win=5856 Len=0 TSval=2711905588 TSecr=81445534
8	10.32.106.103	10.32.106.159	2013-08-13 16:39:08	TCP	domain > 38541 [ACK] Seq=55 Ack=40 Win=65497 Len=0 TSval=81445534 TSecr=2711905588
9	10.32.106.103	10.32.106.159	2013-08-13 16:39:08	TCP	domain > 38541 [FIN, ACK] Seq=55 Ack=40 Win=65497 Len=0 TSval=81445534 TSecr=2711905588
10	10.32.106.159	10.32.106.103	2013-08-13 16:39:08	TCP	38541 > domain [ACK] Seq=40 Ack=56 Win=5856 Len=0 TSval=2711905588 TSecr=81445534

图 11

客户端：“我希望断开连接（请注意 FIN 标志）。”

服务器：“知道了，断开吧。”

服务器：“我这边的连接也想断开（请注意 FIN 标志）。”

客户端：“知道了，断开吧。”

就这样，双方都关闭了连接。其实用四次挥手来断开连接也不完全可靠，但世界上不存在 100%可靠的通信机制。假如对这个话题感兴趣，可以研究一下著名的“两军问题”，维基百科上有详细介绍，地址为 http://en.wikipedia.org/wiki/Two_Generals'_Problem。

工作中如果碰到断开连接的问题，可以使用 netstat 命令来排查，无论在 Windows 还是 Linux 上，这个命令都能把当前的连接状态显示出来。不过老话常说，最推荐的工具还是 Wireshark。

快递员的工作策略——TCP 窗口

假如你是一位勤劳的快递员，要送 100 个包裹到某公司去，怎样送货才科学？

最简单的方式是每次送 1 个，总共跑 100 趟。当然这也是最慢的方式，因为往返次数越多，消耗的时间就越长。除了需要减肥的快递员，一般人不会选择这种方式。最快的方式应该是一口气送 100 个，这样只要跑一趟就够了。可惜现实没有这么美好，往往存在各种制约因素：公司狭小的前台只容得下 20 个包裹，要等签收完了才能接着送；更令人郁闷的是，电瓶车只能装 10 个包裹。综合这两个因素，不难推出电瓶车的运力是效率瓶颈，而前台的空间则不构成影响。

快递送货的策略非常浅显，几乎人人可以理解，而 TCP 传输大块数据的策略却很少人懂。事实上这两者的原理是相似的。

TCP 显然不用电瓶车送包，但它也有“往返”的需要。因为发包之后并不知道对方能否收到，要一直等到确认包到达，这样就花费了一个往返时间。假如每发一个包就停下来等确认，一个往返时间里就只能传一个包，这样的传输效率太低了。最快的方式应该是一口气把所有包发出去，然后一起确认。但现实中也存在一些限制：接收方的缓存（接收窗口）可能一下子接受不了这么多数据；网络的带宽也不一定足够大，一口气发太多会导致丢包事故。所以，发送方要知道接收方的接收窗口和网络这两个限制因素中哪一个更严格，然后在其限制范围内尽可能多发包。这个一口气能发送的数据量就是传说中的 TCP 发送窗口。

发送窗口对性能的影响有多大？一图胜千言，图 1 显示了发送窗口为 1 个 MSS（即每个 TCP 包所能携带的最大数据量）和 2 个 MSS 时的差别。在相同的往返时间里，右边比左边多发了两倍的数据量。而在真实环境中，发送窗口常常可以达到数十个 MSS。

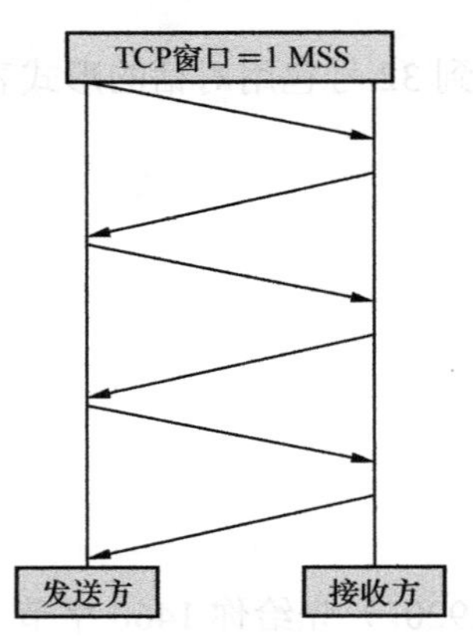

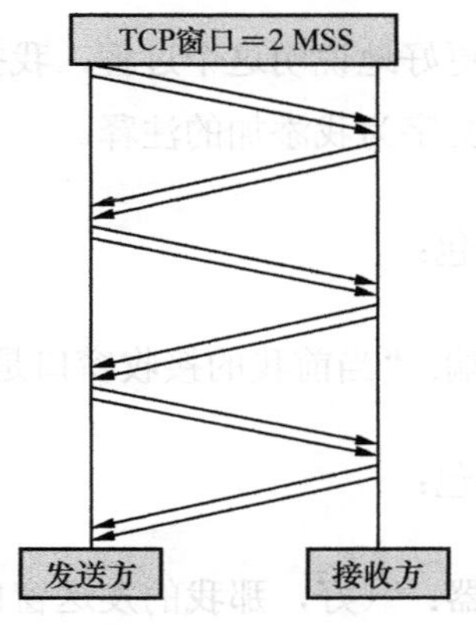

图 1

图 2 就是在真实环境中抓的包，抓包时服务器 10.32.106.73 正往客户端 10.32.106.103 发数据。由于服务器的发送窗口很大，所以收到读请求之后，它在没有客户端确认的情况下连续发了 10 个包。

No.	Source	Destination	Time	Protocol	Info
38	10.32.106.103	10.32.106.73	2013-09-09 09:47:44.440729	SMB	Read AndX Request, FID: 0x004a, 14215 bytes at offset 0
39	10.32.106.73	10.32.106.103	2013-09-09 09:47:44.443205	TCP	[TCP segment of a reassembled PDU]
40	10.32.106.73	10.32.106.103	2013-09-09 09:47:44.443226	TCP	[TCP segment of a reassembled PDU]
41	10.32.106.73	10.32.106.103	2013-09-09 09:47:44.443231	TCP	[TCP segment of a reassembled PDU]
42	10.32.106.73	10.32.106.103	2013-09-09 09:47:44.443235	TCP	[TCP segment of a reassembled PDU]
43	10.32.106.73	10.32.106.103	2013-09-09 09:47:44.443240	TCP	[TCP segment of a reassembled PDU]
44	10.32.106.73	10.32.106.103	2013-09-09 09:47:44.443244	TCP	[TCP segment of a reassembled PDU]
45	10.32.106.73	10.32.106.103	2013-09-09 09:47:44.443247	TCP	[TCP segment of a reassembled PDU]
46	10.32.106.73	10.32.106.103	2013-09-09 09:47:44.443251	TCP	[TCP segment of a reassembled PDU]
47	10.32.106.73	10.32.106.103	2013-09-09 09:47:44.443254	TCP	[TCP segment of a reassembled PDU]
48	10.32.106.73	10.32.106.103	2013-09-09 09:47:44.443257	SMB	Read AndX Response, FID: 0x004a, 14215 bytes
49	10.32.106.103	10.32.106.73	2013-09-09 09:47:44.443268	TCP	leecoposserver > microsoft-ds [ACK] Seq=1913 Ack=16148

图 2

接着我把客户端的接收窗口强制成 2920，相当于两个 TCP 包能携带的数据量。从图 3 中可以看到客户端通过“win=2920”把自己的接收窗口告诉服务器。因此服务器把发送窗口限制为 2920，每发两个包就停下来等待客户端的确认。同样一个 14215 字节的读操作，图 2 只用 1 个往返时间就完成了，而图 3 则用了 6 个。

No.	Source	Destination	Time	Protocol	Info
25	10.32.106.103	10.32.106.73	2013-09-10	SMB	Read AndX Request, FID: 0x0046, 14215 bytes at offset 0
26	10.32.106.73	10.32.106.103	2013-09-10	SMB	Read AndX Response, FID: 0x0046, 14215 bytes
27	10.32.106.103	10.32.106.73	2013-09-10	TCP	onehome-help > microsoft-ds [ACK] Seq=885 Ack=2545 Win=2920 Len=0 TSval=27476 TSecr=
28	10.32.106.73	10.32.106.103	2013-09-10	TCP	[Continuation to #26] microsoft-ds > onehome-help [ACK] Seq=2545 Ack=885 Win=65535 L
29	10.32.106.73	10.32.106.103	2013-09-10	TCP	[Continuation to #26] microsoft-ds > onehome-help [ACK] Seq=3993 Ack=885 Win=65535 L
30	10.32.106.103	10.32.106.73	2013-09-10	TCP	onehome-help > microsoft-ds [ACK] Seq=885 Ack=5441 Win=2920 Len=0 TSval=27476 TSecr=
31	10.32.106.73	10.32.106.103	2013-09-10	TCP	[Continuation to #26] microsoft-ds > onehome-help [ACK] Seq=5441 Ack=885 Win=65535 L
32	10.32.106.73	10.32.106.103	2013-09-10	TCP	[Continuation to #26] microsoft-ds > onehome-help [ACK] Seq=6889 Ack=885 Win=65535 L
33	10.32.106.103	10.32.106.73	2013-09-10	TCP	onehome-help > microsoft-ds [ACK] Seq=885 Ack=8337 Win=2920 Len=0 TSval=27476 TSecr=
34	10.32.106.73	10.32.106.103	2013-09-10	TCP	[Continuation to #26] microsoft-ds > onehome-help [ACK] Seq=8337 Ack=885 Win=65535 L
35	10.32.106.73	10.32.106.103	2013-09-10	TCP	[Continuation to #26] microsoft-ds > onehome-help [ACK] Seq=9785 Ack=885 Win=65535 L
36	10.32.106.103	10.32.106.73	2013-09-10	TCP	onehome-help > microsoft-ds [ACK] Seq=885 Ack=11233 Win=2920 Len=0 TSval=27476 TSecr
37	10.32.106.73	10.32.106.103	2013-09-10	TCP	[Continuation to #26] microsoft-ds > onehome-help [ACK] Seq=11233 Ack=885 Win=65535
38	10.32.106.73	10.32.106.103	2013-09-10	TCP	[Continuation to #26] microsoft-ds > onehome-help [ACK] Seq=12681 Ack=885 Win=65535
39	10.32.106.103	10.32.106.73	2013-09-10	TCP	onehome-help > microsoft-ds [ACK] Seq=885 Ack=14129 Win=2920 Len=0 TSval=27476 TSecr
40	10.32.106.73	10.32.106.103	2013-09-10	TCP	[Continuation to #26] microsoft-ds > onehome-help [PSH, ACK] Seq=14129 Ack=885 Win=6
41	10.32.106.103	10.32.106.73	2013-09-10	TCP	onehome-help > microsoft-ds [ACK] Seq=885 Ack=15376 Win=1673 Len=0 TSval=27479 TSecr

图 3

为了更好地说明这个过程，我把 27 号包到 32 号包用对话的形式表示出来，括号内的文字为我添加的注释。

27 号包：

客户端："当前我的接收窗口是 2920。"

28 号包：

服务器："（好，那我的发送窗口就定为 2920。）先给你 1460 字节。"

29 号包：

服务器："再给你 1460 字节。（哎呀！我的发送窗口 2920 用完了，不能再发了。）"

30 号包：

客户端："你发过来的 2920 字节已经处理完毕，所以现在我的接收窗口又恢复到 2920。"

31 号包：

服务器："（好，那我再把发送窗口定为 2920。）给你一个 1460 字节。"

32 号包：

服务器："再给你 1460 字节。（哎呀！我的发送窗口 2920 又用完了，不能再发了。）"

你也许有个疑问，本文的开头不是说有两个限制因素吗？这个例子只提到了接收窗口对发送窗口的限制，那网络的影响呢？由于网络的影响方式非常复杂，所以本文暂时跳过。下一篇文章将作详细介绍。

不知道出于何种原因，TCP 发送窗口的概念被广泛误解，比如，很多人会把接收窗口误认为发送窗口。我经常想在论坛上回答相关提问，却不知道该从何答起，因为有些提问本身就基于错误的概念。下面是一些经常出现的问题。

1. 如图 4 的底部所示，每个包的 TCP 层都含有“window size:”（也就是 win=）的信息。这个值表示发送窗口的大小吗？

```
38 10.32.106.103 10.32.106.73  2013-09-09 09:47:44.440729  SMB  Read AndX Request, FID: 0x004a, 14215 bytes
39 10.32.106.73  10.32.106.103 2013-09-09 09:47:44.443205  TCP  [TCP segment of a reassembled PDU]
40 10.32.106.73  10.32.106.103 2013-09-09 09:47:44.443226  TCP  [TCP segment of a reassembled PDU]
41 10.32.106.73  10.32.106.103 2013-09-09 09:47:44.443231  TCP  [TCP segment of a reassembled PDU]
42 10.32.106.73  10.32.106.103 2013-09-09 09:47:44.443235  TCP  [TCP segment of a reassembled PDU]

⊞ Frame 38: 129 bytes on wire (1032 bits), 129 bytes captured (1032 bits)
⊞ Ethernet II, Src: Vmware_a1:58:41 (00:50:56:a1:58:41), Dst: Clariion_3f:0d:07 (00:60:16:3f:0d:07)
⊞ Internet Protocol, Src: 10.32.106.103 (10.32.106.103), Dst: 10.32.106.73 (10.32.106.73)
⊟ Transmission Control Protocol, Src Port: leecoposserver (2212), Dst Port: microsoft-ds (445), Seq: 1850, Ack
    Source port: leecoposserver (2212)
    Destination port: microsoft-ds (445)
    [Stream index: 0]
    Sequence number: 1850    (relative sequence number)
    [Next sequence number: 1913    (relative sequence number)]
    Acknowledgement number: 1869    (relative ack number)
    Header length: 32 bytes
  ⊞ Flags: 0x18 (PSH, ACK)
    Window size: 64093
```

图 4

这不是发送窗口，而是在向对方声明自己的接收窗口。在此例子中，10.32.106.103 向 10.32.106.73 声明自己的接收窗口是 64093 字节。10.32.106.73 收到之后，就会把自己的发送窗口限制在 64093 字节之内。很多教科书上提到的滑动窗口机制，说的就是这两个窗口的关系，本文就不再赘述了。

假如接收方处理数据的速度跟不上接收数据的速度，缓存就会被占满，从而导致接收窗口为 0。如图 5 的 Wireshark 截屏所示，89.0.0.85 持续向 89.0.0.210 声明自己的接收窗口是 win=0，所以 89.0.0.210 的发送窗口就被限制为 0，意味着那段时间发不出数据。

No.	Source	Destination	Time	Protocol	Info
29006	89.0.0.85	89.0.0.210	2013-08-08 21:10:55.203550(	TCP	[TCP ZeroWindow] srdp > ndmp [ACK] Seq=70777 Ack=33069928 Win=0
29052	89.0.0.85	89.0.0.210	2013-08-08 21:10:55.244665(	TCP	[TCP ZeroWindow] srdp > ndmp [ACK] Seq=70777 Ack=33129788 Win=0
29059	89.0.0.85	89.0.0.210	2013-08-08 21:10:55.693795(	TCP	[TCP ZeroWindow] srdp > ndmp [ACK] Seq=70777 Ack=33135463 Win=0
29105	89.0.0.85	89.0.0.210	2013-08-08 21:10:55.714691(	TCP	[TCP ZeroWindow] srdp > ndmp [ACK] Seq=70777 Ack=33195323 Win=0
29113	89.0.0.85	89.0.0.210	2013-08-08 21:10:56.493590(	TCP	[TCP ZeroWindow] srdp > ndmp [ACK] Seq=70777 Ack=33200998 Win=0
29159	89.0.0.85	89.0.0.210	2013-08-08 21:10:56.733638(	TCP	[TCP ZeroWindow] srdp > ndmp [ACK] Seq=70777 Ack=33260858 Win=0
29166	89.0.0.85	89.0.0.210	2013-08-08 21:10:56.914804(	TCP	[TCP ZeroWindow] srdp > ndmp [ACK] Seq=70777 Ack=33266533 Win=0

图 5

2. 我如何在包里看出发送窗口的大小呢？

很遗憾，没有简单的方法，有时候甚至完全没有办法。因为，当发送窗口是由接收窗口决定的时候，我们还可以通过“window size:”的值来判断。而当它由网络因素决定的时候，事情就会变得非常复杂（下篇文章将会详细介绍）。大多数时候，我们甚至不确定哪个因素在起作用，只能大概推理。以图 5 为例，接收方声明它的接收窗口等于 0，那接收窗口肯定起了限制作用（因为不可能再小了），因此可以大胆地判断发送窗口就是 0。再回顾本文开头 10.32.106.73 向 10.32.106.103 传数据的两个例子。第一个例子中，我们只能推理出 10.32.106.73 的发送窗口不小于那 10 个包（39～48 号）携带的数据总和，但具体能达到多少却不得而知，因为窗口还没用完时读操作就完成了。第二个例子比较容易分析，因为传了两个包就停下来等确认，所以发送窗口是那两个包携带的数据量 2920。

3. 发送窗口和 MSS 有什么关系？

发送窗口决定了一口气能发多少字节，而 MSS 决定了这些字节要分多少个包发完。举个例子，在发送窗口为 16000 字节的情况下，如果 MSS 是 1000 字节，那就需要发送 16000/1000=16 个包；而如果 MSS 等于 8000，那要发送的包数就是 16000/8000=2 了。

4. 发送方在一个窗口里发出 n 个包，是不是就能收到 n 个确认包？

不一定，确认包一般会少一些。由于 TCP 可以累积起来确认，所以当收到多个包的时候，只需要确认最后一个就可以了。比如本文中 10.32.106.73 向 10.32.106.103 传数据的第一个例子中，客户端用一个包（包号 49）确认了它收到的 10 个包（39～48 号包）。

5. 经常听说“TCP Window Scale”这个概念，它究竟和接收窗口有何关系？

在 TCP 刚被发明的时候，全世界的网络带宽都很小，所以最大接收窗口被定义成 65535 字节。随着硬件的革命性进步，65535 字节已经成为性能瓶颈了，怎么样才能扩展呢？TCP 头中只给接收窗口值留了 16 bit，肯定是无法突破 65535（$2^{16}-1$）的。

1992 年的 RFC 1323 中提出了一个解决方案，就是在三次握手时，把自己的 Window Scale 信息告知对方。由于 Window Scale 放在 TCP 头之外的 Options 中，所以不需要修改 TCP 头的设计。Window Scale 的作用是向对方声明一个 Shift count，我们把它作为 2 的指数，再乘以 TCP 头中定义的接收窗口，就得到真正的

TCP 接收窗口了。

以图 6 为例，从底部可以看到 10.32.106.159 告诉 10.32.106.103 说它的 Shift count 是 5。2^5 等于 32，这就意味着以后 10.32.106.159 声明的接收窗口要乘以 32 才是真正的接收窗口值。

```
No.  Source          Destination     Time        Protocol Info
   1 10.32.106.159   10.32.106.103   2013-08-13  TCP      38541 > domain [SYN] Seq=0 Win=5840 Len=0 MSS=1460 SACK_PERM=1 TS
   2 10.32.106.103   10.32.106.159   2013-08-13  TCP      domain > 38541 [SYN, ACK] Seq=0 Ack=1 Win=16384 Len=0 MSS=1460 WS
   3 10.32.106.159   10.32.106.103   2013-08-13  TCP      38541 > domain [ACK] Seq=1 Ack=1 Win=5856 Len=0 TSval=2711905588
   4 10.32.106.159   10.32.106.103   2013-08-13  DNS      Standard query 0x3b7a  A paddy_cifs.nas.com
   5 10.32.106.103   10.32.106.159   2013-08-13  DNS      Standard query response 0x3b7a  A 10.32.106.77

⊞ Frame 1: 74 bytes on wire (592 bits), 74 bytes captured (592 bits)
⊞ Ethernet II, Src: Intel_d4:4d:e2 (00:04:23:d4:4d:e2), Dst: Vmware_a1:58:41 (00:50:56:a1:58:41)
⊞ Internet Protocol Version 4, Src: 10.32.106.159 (10.32.106.159), Dst: 10.32.106.103 (10.32.106.103)
⊟ Transmission Control Protocol, Src Port: 38541 (38541), Dst Port: domain (53), Seq: 0, Len: 0
    Source port: 38541 (38541)
    Destination port: domain (53)
    [Stream index: 0]
    Sequence number: 0    (relative sequence number)
    Header length: 40 bytes
  ⊞ Flags: 0x002 (SYN)
    Window size value: 5840
    [Calculated window size: 5840]
  ⊞ Checksum: 0x68c7 [validation disabled]
  ⊟ Options: (20 bytes), Maximum segment size, SACK permitted, Timestamps, No-Operation (NOP), Window scale
    ⊞ Maximum segment size: 1460 bytes
    ⊞ TCP SACK Permitted Option: True
    ⊞ Timestamps: TSval 2711905588, TSecr 0
    ⊞ No-Operation (NOP)
    ⊟ Window scale: 5 (multiply by 32)
        Kind: Window Scale (3)
        Length: 3
        Shift count: 5
        [Multiplier: 32]
```

图 6

接下来我们再看图 7 中的 3 号包。10.32.106.159 声明它的接收窗口为"Window size value: 183"，183 乘以 32 得到 5856，所以 Wireshark 就显示出"Win=5856"了。要注意 Wireshark 是根据 Shift count 计算出这个结果的，如果抓包时没有抓到三次握手，Wireshark 就不知道该如何计算，所以我们有时候会很莫名地看到一些极小的接收窗口值。还有些时候是防火墙识别不了 Window Scale，因此对方无法获得 Shift count，最终导致严重的性能问题。

```
No.  Source          Destination     Time        Protocol Info
   1 10.32.106.159   10.32.106.103   2013-08-13  TCP      38541 > domain [SYN] Seq=0 Win=5840 Len=0 
   2 10.32.106.103   10.32.106.159   2013-08-13  TCP      domain > 38541 [SYN, ACK] Seq=0 Ack=1 Win=
   3 10.32.106.159   10.32.106.103   2013-08-13  TCP      38541 > domain [ACK] Seq=1 Ack=1 Win=5856 
   4 10.32.106.159   10.32.106.103   2013-08-13  DNS      Standard query 0x3b7a  A paddy_cifs.nas.co
   5 10.32.106.103   10.32.106.159   2013-08-13  DNS      Standard query response 0x3b7a  A 10.32.10

⊞ Frame 3: 66 bytes on wire (528 bits), 66 bytes captured (528 bits)
⊞ Ethernet II, Src: Intel_d4:4d:e2 (00:04:23:d4:4d:e2), Dst: Vmware_a1:58:41 (00:50:56:a1:58:4
⊞ Internet Protocol Version 4, Src: 10.32.106.159 (10.32.106.159), Dst: 10.32.106.103 (10.32.1
⊟ Transmission Control Protocol, Src Port: 38541 (38541), Dst Port: domain (53), Seq: 1, Ack: 
    Source port: 38541 (38541)
    Destination port: domain (53)
    [Stream index: 0]
    Sequence number: 1    (relative sequence number)
    Acknowledgment number: 1    (relative ack number)
    Header length: 32 bytes
  ⊞ Flags: 0x010 (ACK)
    Window size value: 183
    [Calculated window size: 5856]
    [Window size scaling factor: 32]
  ⊞ Checksum: 0xc21f [validation disabled]
```

图 7

重传的讲究

阅读本文之前，务必保证心情愉快，以免产生撕书的冲动；同时准备浓缩咖啡一杯，防止看到一半睡着了。因为这部分内容是TCP中最枯燥的，但也是最有价值的。

前文说到，发送方的发送窗口是受接收方的接收窗口和网络影响的，其中限制得更严的因素就起决定作用。接收窗口的影响方式非常简单，只要在包里用"Win="告知发送方就可以了。而网络的影响方式非常复杂，所以留到本文专门介绍。

网络之所以能限制发送窗口，是因为它一口气收到太多数据时就会拥塞。拥塞的结果是丢包，这是发送方最忌惮的。能导致网络拥塞的数据量称为拥塞点，发送方当然希望把发送窗口控制在拥塞点以下，这样就能避免拥塞了。但问题是连网络设备都不知道自己的拥塞点，即便知道了也无法通知发送方。这种情况下发送方如何避免触碰拥塞点呢？

方案1．发送方知道自己的网卡带宽，能否以此推测该连接的拥塞点？

不能。因为发送方和接收方之间还有路由器和交换机，其中任何一个设备都可能是瓶颈。比如发送方的网卡是10Gbit/s，而接收方只有1Gbit/s，如果按照10Gbit/s计算肯定会出问题。就算用1Gbit/s来计算也没有意义，因为网络带宽是多个连接共享的，其他连接也会占用一定带宽。

方案2．逐次增加发送量，直到网络发生拥塞，这样得到的最大发送量能定为该连接的拥塞点吗？

这是一个好办法，但没这么简单。网络就像马路一样，有的时候很堵，其他时候却很空（北京的马路除外）。所以拥塞点是一个随时改变的动态值，当前试探出的拥塞点不能代表未来。

难道就没有一个完美的方案吗？很遗憾，还真的没有。自网络诞生数十年以来，涌现过无数绝顶聪明的工程师，就是没有一个人能解决这个问题。幸好经过几代人的努力，总算有了一个最靠谱的策略。这个策略就是在发送方维护一个虚拟的拥塞窗口，并利用各种算法使它尽可能接近真实的拥塞点。网络对发送窗口的限制，就是通过拥塞窗口实现的。下面我们就来看看拥塞窗口如何维护。

1. 连接刚刚建立的时候，发送方对网络状况一无所知。如果一口气发太多数据就可能遭遇拥塞，所以发送方把拥塞窗口的初始值定得很小。RFC 的建议是 2 个、3 个或者 4 个 MSS，具体视 MSS 的大小而定。

2. 如果发出去的包都得到确认，表明还没有达到拥塞点，可以增大拥塞窗口。由于这个阶段发生拥塞的概率很低，所以增速应该快一些。RFC 建议的算法是每收到 n 个确认，可以把拥塞窗口增加 n 个 MSS。比如发了 2 个包之后收到 2 个确认，拥塞窗口就增大到 2+2=4，接下来是 4+4=8, 8+8=16……这个过程的增速很快，但是由于基数低，传输速度还是比较慢的，所以被称为慢启动过程。

3. 慢启动过程持续一段时间后，拥塞窗口达到一个较大的值。这时候传输速度比较快，触碰拥塞点的概率也大了，所以不能继续采用翻倍的慢启动算法，而是要缓慢一点。RFC 建议的算法是在每个往返时间增加 1 个 MSS。比如发了 16 个 MSS 之后全部被确认了，拥塞窗口就增加到 16+1=17 个 MSS，再接下去是 17+1=18, 18+1=19……这个过程称为拥塞避免。从慢启动过渡到拥塞避免的临界窗口值很有讲究。如果之前发生过拥塞，就把该拥塞点作为参考依据。如果从来没有拥塞过就可以取相对较大的值，比如和最大接收窗口相等。全过程可以用图 1 表示。

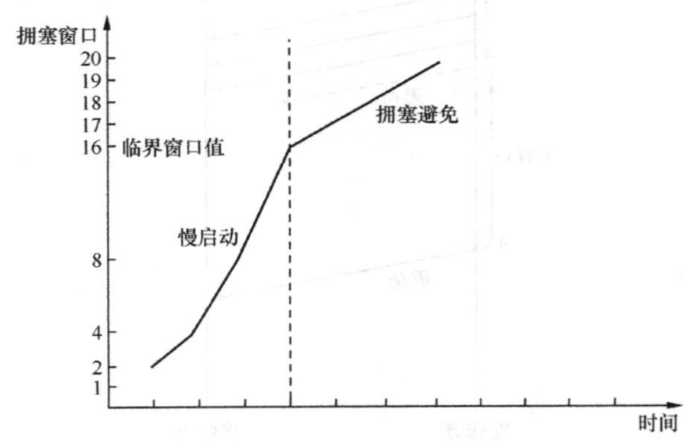

图 1

无论是慢启动还是拥塞避免阶段，拥塞窗口都在逐渐增大，理论上一定时间之后总会碰到拥塞点的。那为什么我们平时感觉不到拥塞呢？原因有很多，如下所示。

- 操作系统中对接收窗口的最大设定多年没有改动，比如 Windows 在不启用“TCP window scale option”的情况下，最大接收窗口只有 64KB。而近年来网络有了长足进步，很多环境的拥塞点远在 64KB 以上。也就是说发送窗口已经被限制在 64KB 了，永远触碰不到拥塞点。
- 很多应用场景是交互式的小数据，比如网络聊天，所以也不会有拥塞的可能。
- 在传输数据的时候如果采用同步方式，可能需要的窗口非常小。比如采用了同步方式的 NFS 写操作，每发一个写请求就停下来等回复，而一个写请求可能只有 4KB。
- 即便偶尔发生拥塞，持续时间也不足以长到能感受出来，除非抓了网络包进行数据分析、对比。

拥塞之后会发生什么情况呢？对发送方来说，就是发出去的包不像往常一样得到确认了。不过收不到确认也可能是网络延迟所致，所以发送方决定等待一小段时间后再判断。假如迟迟收不到，就认定包已经丢失，只能重传了。这个过程称为超时重传。如图 2 所示，从发出原始包到重传该包的这段时间称为 RTO。RTO

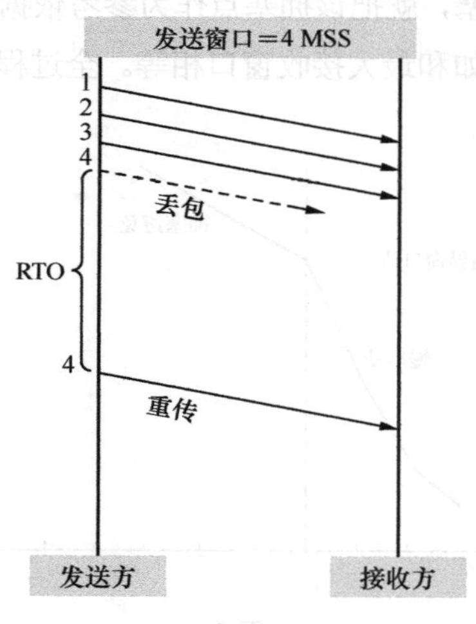

图 2

的取值颇有讲究，理论上需要几个公式计算出来。根据多一道公式就会丢失一半读者的原理，本文将对此只字不提，我们只需要知道存在这么一段时间就可以了。有些操作系统上提供了调节 RTO 大小的参数。

重传之后的拥塞窗口是否需要调整呢？非常有必要，为了不给刚发生拥塞的网络雪上加霜，RFC 建议把拥塞窗口降到 1 个 MSS，然后再次进入慢启动过程。这一次从慢启动过渡到拥塞避免的临界窗口值就有参考依据了。Richard Stevens 在《TCP/IP Illustrated》中把临界窗口值定为上次发生拥塞时的发送窗口的一半。而 RFC 5681 则认为应该是发生拥塞时没被确认的数据量的 1/2，但不能小于 2 个 MSS。比如说发了 19 个包出去，但只有前 3 个包收到确认，那么临界窗口值就被定为后 16 个包携带的数据量的 1/2。我没有细究过为什么 Stevens 和 RFC 会有这个分歧，不过 Stevens 是在 1999 年意外去世的，而 RFC 5681 直到 2009 才发布，也许是 Stevens 在书中引用了更早版本的 RFC。虽然 Stevens 是我最喜欢的技术作家，但在这个细节上我认为 RFC 5681 更加科学。

图 3 显示了发生超时重传时拥塞窗口的变化。

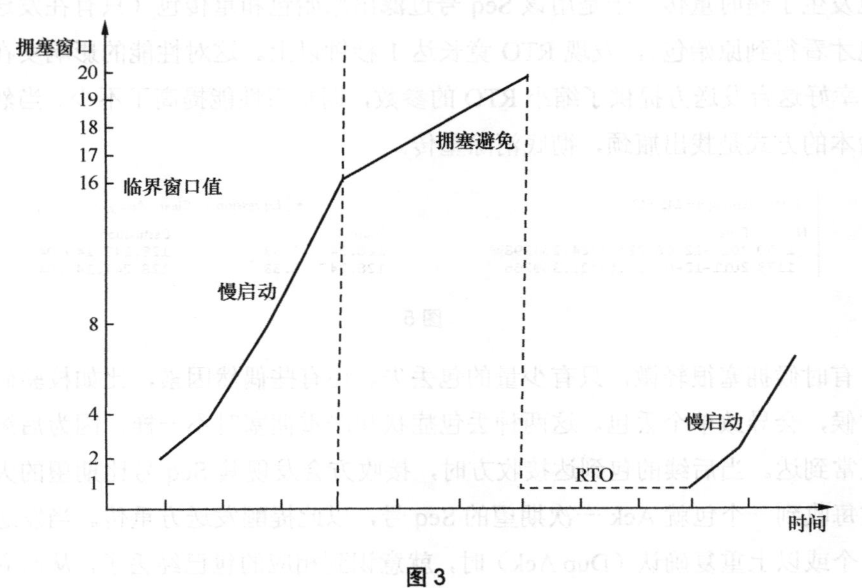

图 3

不难想象，超时重传对传输性能有严重影响。原因之一是在 RTO 阶段不能传数据，相当于浪费了一段时间；原因之二是拥塞窗口的急剧减小，相当于接下来传得慢多了。以我的个人经验，即便是万分之一的超时重传对性能的影响也非同小可。我们在 Wireshark 中如何检查重传情况呢？单击 Analyze-->Expert Info Composite 菜单，就能在 Notes 标签看到它们了，如图 4 所示。点开+号还能看到具体是哪些包发生了重传。

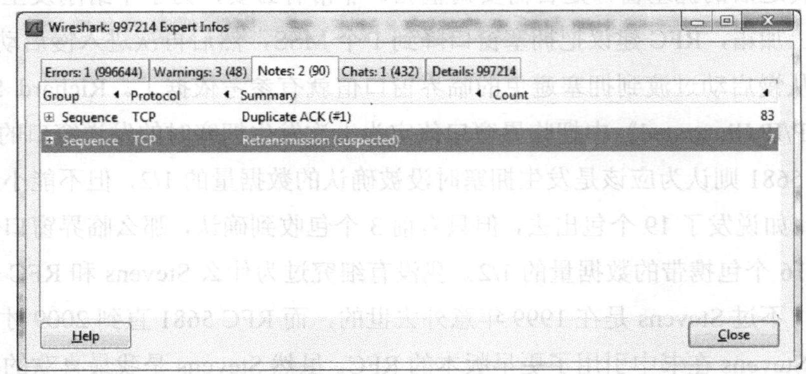

图 4

图 5 是我处理过的一个真实案例。我从 Notes 标签中看到 Seq 号为 1458613 的包发生了超时重传。于是用该 Seq 号过滤出原始包和重传包（只有在发送方抓的包才看得到原始包），发现 RTO 竟长达 1 秒钟以上。这对性能的影响实在太大了，幸好这台发送方提供了缩小 RTO 的参数，调整后性能提高了不少。当然治标又治本的方式是找出瓶颈，彻底消除重传。

Filter: tcp.seq == 1458613 Expression... Clear Apply

No.	Time	Source	Destination
1150	2011-12-06 22:55:24.264298	128.247.49.33	128.247.140.94
1173	2011-12-06 22:55:25.369766	128.247.49.33	128.247.140.94

图 5

有时候拥塞很轻微，只有少量的包丢失。还有些偶然因素，比如校验码不对的时候，会导致单个丢包。这两种丢包症状和严重拥塞时不一样，因为后续有包能正常到达。当后续的包到达接收方时，接收方会发现其 Seq 号比期望的大，所以它每收到一个包就 Ack 一次期望的 Seq 号，以此提醒发送方重传。当发送方收到 3 个或以上重复确认（Dup Ack）时，就意识到相应的包已经丢了，从而立即重传它。这个过程称为快速重传。之所以称为快速，是因为它不像超时重传一样需要等待一段时间。

图 6 是我处理过的另一个真实案例。客户端发送了 1182、1184、1185、1187、1188 共 5 个包，其中 1182 在路上丢了。幸好到达服务器的 4 个包触发了 4 个 Ack=991851，所以客户端意识到丢包了，于是在包号 1337 快速重传了 Seq=991851。

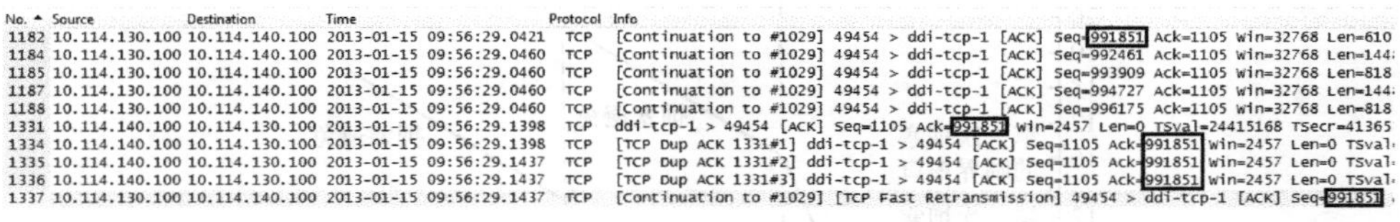

No.	Source	Destination	Time	Protocol	Info
1182	10.114.130.100	10.114.140.100	2013-01-15 09:56:29.0421	TCP	[Continuation to #1029] 49454 > ddi-tcp-1 [ACK] Seq=991851 Ack=1105 Win=32768 Len=610
1184	10.114.130.100	10.114.140.100	2013-01-15 09:56:29.0460	TCP	[Continuation to #1029] 49454 > ddi-tcp-1 [ACK] Seq=992461 Ack=1105 Win=32768 Len=144
1185	10.114.130.100	10.114.140.100	2013-01-15 09:56:29.0460	TCP	[Continuation to #1029] 49454 > ddi-tcp-1 [ACK] Seq=993909 Ack=1105 Win=32768 Len=818
1187	10.114.130.100	10.114.140.100	2013-01-15 09:56:29.0460	TCP	[Continuation to #1029] 49454 > ddi-tcp-1 [ACK] Seq=994727 Ack=1105 Win=32768 Len=144
1188	10.114.130.100	10.114.140.100	2013-01-15 09:56:29.0460	TCP	[Continuation to #1029] 49454 > ddi-tcp-1 [ACK] Seq=996175 Ack=1105 Win=32768 Len=818
1331	10.114.140.100	10.114.130.100	2013-01-15 09:56:29.1398	TCP	ddi-tcp-1 > 49454 [ACK] Seq=1105 Ack=991851 Win=2457 Len=0 TSval=24415168 TSecr=41365
1334	10.114.140.100	10.114.130.100	2013-01-15 09:56:29.1398	TCP	[TCP Dup ACK 1331#1] ddi-tcp-1 > 49454 [ACK] Seq=1105 Ack=991851 Win=2457 Len=0 TSval
1335	10.114.140.100	10.114.130.100	2013-01-15 09:56:29.1437	TCP	[TCP Dup ACK 1331#2] ddi-tcp-1 > 49454 [ACK] Seq=1105 Ack=991851 Win=2457 Len=0 TSval
1336	10.114.140.100	10.114.130.100	2013-01-15 09:56:29.1437	TCP	[TCP Dup ACK 1331#3] ddi-tcp-1 > 49454 [ACK] Seq=1105 Ack=991851 Win=2457 Len=0 TSval
1337	10.114.130.100	10.114.140.100	2013-01-15 09:56:29.1437	TCP	[Continuation to #1029] [TCP Fast Retransmission] 49454 > ddi-tcp-1 [ACK] Seq=991851

图 6

为什么要规定凑满 3 个呢？这是因为网络包有时会乱序，乱序的包一样会触发重复的 Ack，但是为了乱序而重传没有必要。由于一般乱序的距离不会相差太大，比如 2 号包也许会跑到 4 号包后面，但不太可能跑到 6 号包后面，所以限定成 3 个或以上可以在很大程度上避免因乱序而触发快速重传。如图 7 中的左图所示，2 号包的丢失凑满了 3 个 Dup Ack，所以触发快速重传。而右图的 2 号包跑到 4 号包后面，却因为凑不满 3 个 Ack 而没有触发快速重传。

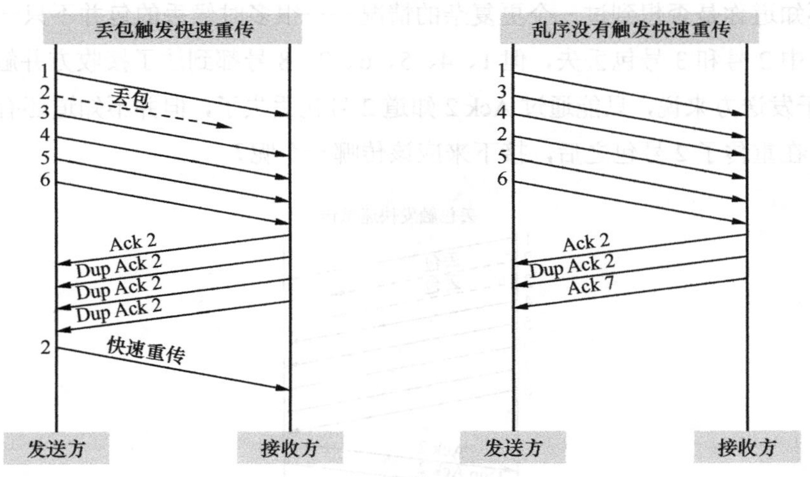

图 7

如果在拥塞避免阶段发生了快速重传，是否需要像发生超时重传一样处理拥塞窗口呢？完全没有必要——既然后续的包都到达了，说明网络并没有严重拥塞，接下来传慢点就可以了。对此 Richard Stevens 和 RFC 5681 的建议也略有不同。后者认为临界窗口值应该设为发生拥塞时还没被确认的数据量的 1/2（但不能小于

2 个 MSS）。然后将拥塞窗口设置为临界窗口值加 3 个 MSS，继续保留在拥塞避免阶段。这个过程称为快速恢复，其拥塞窗口的变化大概可以用图 8 表示。

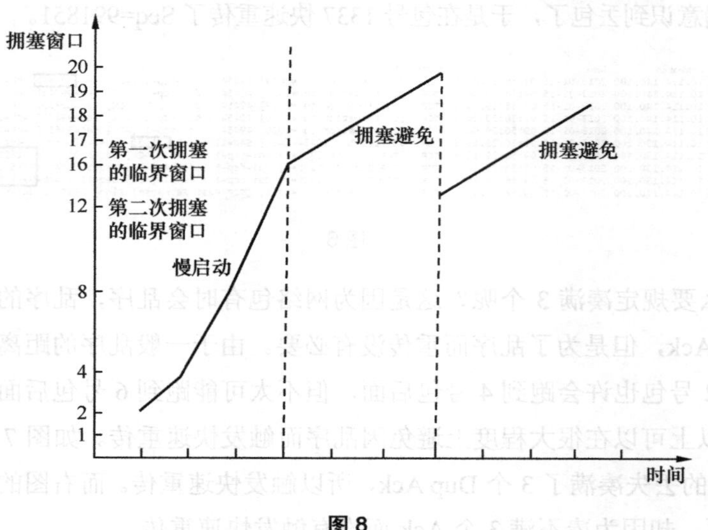

图 8

不知道你是否想到过一个更复杂的情况——很多时候丢的包并不只一个。比如图 9 中 2 号和 3 号包丢失，但 1、4、5、6、7、8 号都到达了接收方并触发 Ack 2。对于发送方来说，只能通过 Ack 2 知道 2 号包丢失了，但并不知道还有哪些包丢失。在重传了 2 号包之后，接下来应该传哪一个呢？

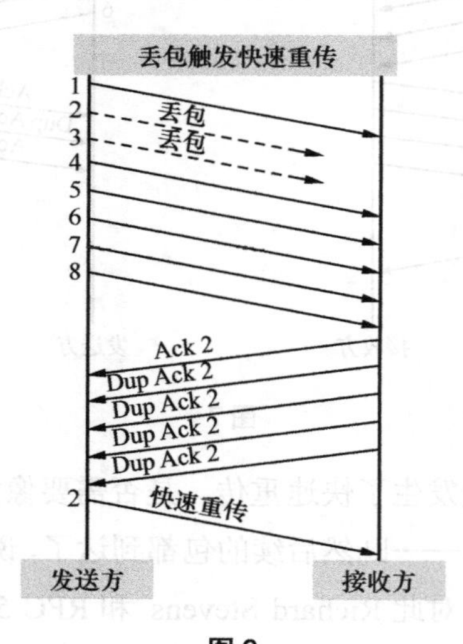

图 9

方案 1．不管三七二十一，把 3、4、5、6、7、8 号等 6 个包都重传一遍。这个方案简单直接，但是丢一个包的后果就是多个包被重传，效率较低。早期的 TCP 协议就是这样处理的。

方案 2．接收方收到重传过来的 2 号包之后，会回复一个 Ack 3，因此发送方可以推理出 3 号包也丢了，把它也重传一遍。当接收方收到重传的 3 号包之后，因为丢包的窟窿都补满了，所以回复一个 Ack 9，从此发送方就可以传新的包（包号 9、10、11、……）了。这个方案称为 NewReno，由 RFC 2582 和 RFC 3782 定义。NewReno 在本例中看上去很理想，但我们可以想见当丢包量很大的时候，就需要花费多个 RTT（往返时间）来重传所有丢失的包。

方案 3．接收方在 Ack 2 号包的时候，顺便把收到的包号告诉发送方。所以这些 Ack 包应该是这样的：

收到 4 号包时，告诉发送方："我已经收到 4 号，请给我 2 号。"

收到 5 号包时，告诉发送方："我已经收到 4、5 号，请给我 2 号。"

收到 6 号包时，告诉发送方："我已经收到 4、5、6 号，请给我 2 号。"

……

因此发送方对丢包细节了如指掌，在快速重传了 2 号包之后，它可以接着传 3 号，然后再传 9 号包。这个非常直观的方案称为 SACK，由 RFC 2018 定义。

图 10 是在真实环境中抓到的 SACK 实例。把"SACK=992461-996175"和"Ack=991851"两个条件综合起来，发送方就知道 992461～996175 已经收到了，而前面的 991851～992460 反而没收到。

No.	Source	Destination	Time	Protocol	Info
1334	10.114.140.100	10.114.130.100	2013-01-15 09:56:29.139822	TCP	[TCP Dup ACK 1331#1] ddi-tcp-1 > 49454 [ACK] Seq=1105 Ack=991851
1335	10.114.140.100	10.114.130.100	2013-01-15 09:56:29.143728	TCP	[TCP Dup ACK 1331#2] ddi-tcp-1 > 49454 [ACK] Seq=1105 Ack=991851
1336	10.114.140.100	10.114.130.100	2013-01-15 09:56:29.143728	TCP	[TCP Dup ACK 1331#3] ddi-tcp-1 > 49454 [ACK] Seq=1105 Ack=991851

```
⊟ Options: (24 bytes)
    No-Operation (NOP)
    No-Operation (NOP)
  ⊞ Timestamps: TSval 24415168, TSecr 41365538
    No-Operation (NOP)
    No-Operation (NOP)
  ⊟ SACK: 992461-996175
      left edge = 992461 (relative)
      right edge = 996175 (relative)
```

图 10

本文的信息量有点大，你也许需要一些时间来消化它。有些部分一时理解不了也无妨，即便只记住本文导出的几个结论，在工作中也是很有用的。

- 没有拥塞时，发送窗口越大，性能越好。所以在带宽没有限制的条件下，应该尽量增大接收窗口，比如启用 Scale Option（Windows 上可参考 KB 224829）。
- 如果经常发生拥塞，那限制发送窗口反而能提高性能，因为即便万分之一的重传对性能的影响都很大。在很多操作系统上可以通过限制接收窗口的方法来减小发送窗口，Windows 上同样可以参考 KB 224829。
- 超时重传对性能影响最大，因为它有一段时间（RTO）没有传输任何数据，而且拥塞窗口会被设成 1 个 MSS，所以要尽量避免超时重传。
- 快速重传对性能影响小一些，因为它没有等待时间，而且拥塞窗口减小的幅度没那么大。
- SACK 和 NewReno 有利于提高重传效率，提高传输性能。
- 丢包对极小文件的影响比大文件严重。因为读写一个小文件需要的包数很少，所以丢包时往往凑不满 3 个 Dup Ack，只能等待超时重传了。而大文件有较大可能触发快速重传。下面的实验显示了同样的丢包率对大小文件的不同影响：图 11 中的 test 是包含很多小文件的目录，而图 12 的 hi 是一个大文件。发生丢包时前者耗时增加了 7 倍多，而后者只增加了不到 4 倍。

```
root@NISclient:~
[root@NISclient ~]# sudo tc qdisc change dev eth0 root netem loss 0%
[root@NISclient ~]# time cp test paddytest/ -r

real    0m5.995s
user    0m0.026s
sys     0m0.261s
[root@NISclient ~]# sudo tc qdisc change dev eth0 root netem loss 2%
[root@NISclient ~]# time cp test paddytest/ -r

real    0m44.510s
user    0m0.025s
sys     0m0.331s
```

图 11

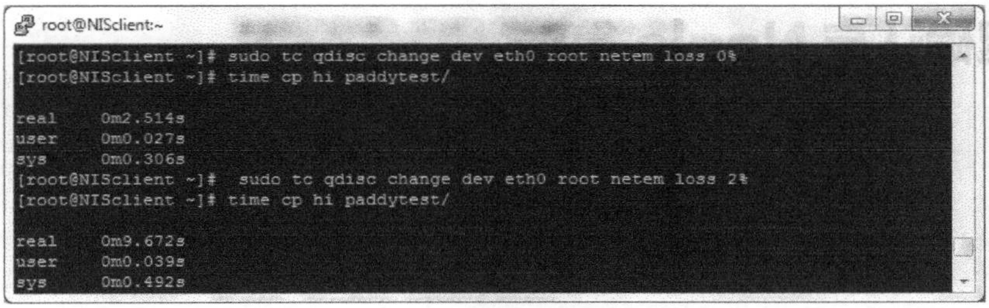

```
root@NISclient:~
[root@NISclient ~]# sudo tc qdisc change dev eth0 root netem loss 0%
[root@NISclient ~]# time cp hi paddytest/

real    0m2.514s
user    0m0.027s
sys     0m0.306s
[root@NISclient ~]#  sudo tc qdisc change dev eth0 root netem loss 2%
[root@NISclient ~]# time cp hi paddytest/

real    0m9.672s
user    0m0.039s
sys     0m0.492s
```

图 12

延迟确认与 Nagle 算法

不知道前两篇的内容有没有令你感到头疼？幸好，这一篇终于可以讨论跟 TCP 窗口无关的话题了。

发送窗口一般只影响大块的数据传输，比如读写大文件。而频繁交互的小块数据不太在乎发送窗口的大小，因为发包量本来就少。日常生活中这样的场景很多，比如用 Putty 之类的 SSH 客户端连上一台 Linux 服务器，然后随便输入一些字符，在网络上就交互了很多小块数据了。当网络状况良好时，我们会感觉一输入字符就立即显示出来。究其原因，是因为每输入一个字符就被打成 TCP 包传到服务器上，然后服务器也随即进行回复。

假如把这个过程的包抓下来，会看到很多小包频繁来往于客户端和服务器之间。这种方式其实是很低效的，因为一个包的 TCP 头和 IP 头至少就 40 字节，而携带的数据却只有一个字符。这就像快递员开着大货车去送一个小包裹一样浪费。

我做了一个实验来研究这个现象。先在 Putty 上缓慢地输入 3 个字符“j”，每次按键的间隔在 300 毫秒以上，这时候 Wireshark 抓到了前 9 个包。接着我快速敲击键盘，Wireshark 又抓了后面的包，Wireshark 截屏如图 1 所示。

No.	Source	Destination	Time	Protocol	Info
1	10.32.200.43	10.32.23.55	2013-09-08 11:04:32.971379	SSH	Encrypted request packet len=52
2	10.32.23.55	10.32.200.43	2013-09-08 11:04:33.120153	SSH	Encrypted response packet len=52
3	10.32.200.43	10.32.23.55	2013-09-08 11:04:33.335007	TCP	64839 > ssh [ACK] Seq=53 Ack=53 Win=254 Len=0
4	10.32.200.43	10.32.23.55	2013-09-08 11:04:33.501737	SSH	Encrypted request packet len=52
5	10.32.23.55	10.32.200.43	2013-09-08 11:04:33.650446	SSH	Encrypted response packet len=52
6	10.32.200.43	10.32.23.55	2013-09-08 11:04:33.849753	TCP	64839 > ssh [ACK] Seq=105 Ack=105 Win=254 Len=0
7	10.32.200.43	10.32.23.55	2013-09-08 11:04:33.980437	SSH	Encrypted request packet len=52
8	10.32.23.55	10.32.200.43	2013-09-08 11:04:34.137506	SSH	Encrypted response packet len=52
9	10.32.200.43	10.32.23.55	2013-09-08 11:04:34.348942	TCP	64839 > ssh [ACK] Seq=157 Ack=157 Win=253 Len=0
10	10.32.200.43	10.32.23.55	2013-09-08 11:04:34.469409	SSH	Encrypted request packet len=52
11	10.32.23.55	10.32.200.43	2013-09-08 11:04:34.617954	SSH	Encrypted response packet len=52
12	10.32.200.43	10.32.23.55	2013-09-08 11:04:34.659212	SSH	Encrypted request packet len=52
13	10.32.200.43	10.32.23.55	2013-09-08 11:04:34.689252	SSH	Encrypted request packet len=52
14	10.32.200.43	10.32.23.55	2013-09-08 11:04:34.739733	SSH	Encrypted request packet len=52
15	10.32.200.43	10.32.23.55	2013-09-08 11:04:34.769106	SSH	Encrypted request packet len=52
16	10.32.200.43	10.32.23.55	2013-09-08 11:04:34.769277	SSH	Encrypted request packet len=52
17	10.32.200.43	10.32.23.55	2013-09-08 11:04:34.779772	SSH	Encrypted request packet len=52
18	10.32.200.43	10.32.23.55	2013-09-08 11:04:34.779948	SSH	Encrypted request packet len=52
19	10.32.23.55	10.32.200.43	2013-09-08 11:04:34.807882	SSH	Encrypted response packet len=52
20	10.32.23.55	10.32.200.43	2013-09-08 11:04:34.838032	SSH	Encrypted response packet len=52

图 1

前 3 个包的解说如下。

客户端："我想给你发个加密后的字符'j'。"

服务器："我收到字符'j'了，你可以把它显示出来。"

客户端："知道了。"

接下来的 4、5、6 号包，以及 7、8、9 号包也是一样的情况

我的客户端 10.32.200.43 放在上海，而服务器 10.32.23.55 位于悉尼，它们之间的往返时间大概是 150 毫秒。由于这些包是在客户端收集的，所以 1 号包和 2 号包相差 150 毫秒是正常现象。奇怪的是客户端收到 2 号包之后，竟然等待了大约 200 毫秒才发出 3 号包。本来是 1 毫秒之内可以完成的事，为什么要等这么久呢？再看看 5 号和 6 号之间，以及 8 号和 9 号之间，也是大概相差 200 毫秒。

这其实就是 TCP 处理交互式场景的策略之一，称为延迟确认。该策略的原理是这样的：如果收到一个包之后暂时没什么数据要发给对方，那就延迟一段时间（在 Windows 上默认为 200 毫秒）再确认。假如在这段时间里恰好有数据要发送，那确认信息和数据就可以在一个包里发出去了。第 12 号包就恰好符合这个策略，客户端收到 11 号包之后，等了 41 毫秒左右时我又输入一个字符。结果这个字符和对 11 号包的确认信息就一起装在 12 号包里了。

延迟确认并没有直接提高性能，它只是减少了部分确认包，减轻了网络负担。有时候延迟确认反而会影响性能。微软的 KB 328890 提供了关闭延迟确认的步骤。我在另一台客户端 10.32.200.131 上实施这些步骤后，结果如图 2 所示，果然不到 1 毫秒就发确认了（参见 6 号包和 7 号包的时间差）。

No.	Source	Destination	Time	Protocol	Info
5	10.32.200.131	10.32.23.55	2013-09-09 06:49:56.144417	SSH	Encrypted request packet len=52
6	10.32.23.55	10.32.200.1:	2013-09-09 06:49:56.293037	SSH	Encrypted response packet len=52
7	10.32.200.131	10.32.23.55	2013-09-09 06:49:56.293124	TCP	metasage > ssh [ACK] Seq=105 Ack=105
8	10.32.200.131	10.32.23.55	2013-09-09 06:49:57.024393	SSH	Encrypted request packet len=52
9	10.32.23.55	10.32.200.1:	2013-09-09 06:49:57.173081	SSH	Encrypted response packet len=52
10	10.32.200.131	10.32.23.55	2013-09-09 06:49:57.173200	TCP	metasage > ssh [ACK] Seq=157 Ack=157

图 2

仔细看图 1 和图 2，会发现每个 SSH Request 都是 52 字节，这表明它只包含了一个加密的字符。虽然在图 1 的 12 号到 18 号包之间的 100 毫秒里（还不到一个往返时间），我一共输入了 7 个字符，但这些字符也被逐个打成小包了。能不能设计一个缓冲机制，把一个往返时间里生成的小数据收集起来，合并成一个大包呢？Nagle 算法就实现了这个功能。这个算法的原理是：在发出去的数据还没有被确认之前，假如又有小数据生成，那就把小数据收集起来，凑满一个 MSS 或者等收到确认后再发送。图 3 是我启用 Nagle 之后的新实验，第一个包把我输入的第一个字符发出去了。在收到确认包之前的 150 毫秒里，我又输入 6 个字符。这 6 个字符并没有被逐个发送，而是被收集起来，等收到 2 号包之后，从 3 号包里一起发送。这就是为什么 3 号包携带的数据长度是 312 字节。

No.	Source	Destination	Time	Protocol	Info
1	10.32.200.43	10.32.23.55	2013-09-08 10:43:48.057854	SSH	Encrypted request packet len=52
2	10.32.23.55	10.32.200.43	2013-09-08 10:43:48.206357	SSH	Encrypted response packet len=52
3	10.32.200.43	10.32.23.55	2013-09-08 10:43:48.206513	SSH	Encrypted request packet len=312
4	10.32.23.55	10.32.200.43	2013-09-08 10:43:48.355334	SSH	Encrypted response packet len=52
5	10.32.200.43	10.32.23.55	2013-09-08 10:43:48.355540	SSH	Encrypted request packet len=208
6	10.32.23.55	10.32.200.43	2013-09-08 10:43:48.504118	SSH	Encrypted response packet len=52
7	10.32.200.43	10.32.23.55	2013-09-08 10:43:48.504233	SSH	Encrypted request packet len=260
8	10.32.23.55	10.32.200.43	2013-09-08 10:43:48.652951	SSH	Encrypted response packet len=52
9	10.32.200.43	10.32.23.55	2013-09-08 10:43:48.653065	SSH	Encrypted request packet len=312
10	10.32.23.55	10.32.200.43	2013-09-08 10:43:48.802095	SSH	Encrypted response packet len=52
11	10.32.200.43	10.32.23.55	2013-09-08 10:43:48.802225	SSH	Encrypted request packet len=208
12	10.32.23.55	10.32.200.43	2013-09-08 10:43:48.950931	SSH	Encrypted response packet len=52
13	10.32.200.43	10.32.23.55	2013-09-08 10:43:48.951058	SSH	Encrypted request packet len=260
14	10.32.23.55	10.32.200.43	2013-09-08 10:43:49.099959	SSH	Encrypted response packet len=52

图 3

和延迟确认一样，Nagle 也没有直接提高性能，启用它的作用只是提高传输效率，减轻网络负担。在某些场合，比如和延迟确认一起使用时甚至会降低性能。微软也有篇 KB 指导如何关闭 Nagle，但是一般没有这个必要，原因之一是很多软件已经默认关闭 Nagle 了。比如打开 Putty，到“Connection”选项里可见“Disable Nagle’s algorithm”默认就是选中的，如图 4 所示。

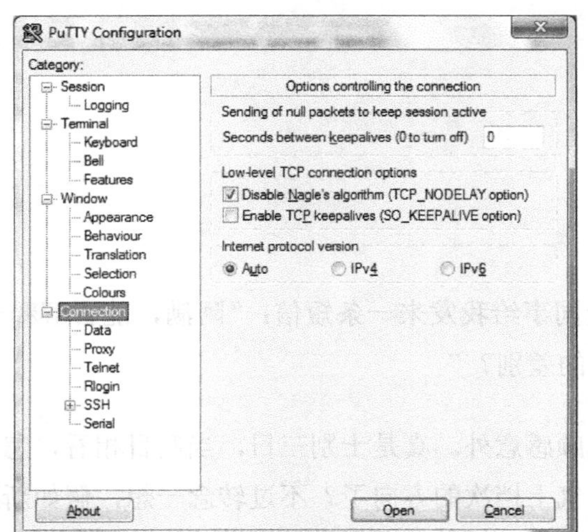

图 4

我启用 Nagle 的另一个原因是，很多高手说自己解决过 Nagle 所导致的问题。我希望自己也能碰上一回，这样以后伪装成高手时就有谈资了，可惜目前为止还没机会碰到。我曾经拿到过图 5 所示的一个包，据说是 Nagle 导致了写文件很慢。之所以定位到 Nagle，是因为客户端收到“SetInfo Response”之后，要等上 100 多毫秒再发送下一个“SetInfo Request”。他们怀疑是客户端在这 100 多毫秒里忙于收集小数据。

No.	Source	Destination	Time	Protocol	Info
2	10.111.47.4	10.111.9.41	2013-09-03 14:53:09.682584	SMB2	SetInfo Request FILE_INFO/SMB2_FILE_ALLOCATION_INFO
3	10.111.9.41	10.111.47.4	2013-09-03 14:53:09.683104	SMB2	SetInfo Response
4	10.111.47.4	10.111.9.41	2013-09-03 14:53:09.800682	SMB2	SetInfo Request FILE_INFO/SMB2_FILE_ALLOCATION_INFO
5	10.111.9.41	10.111.47.4	2013-09-03 14:53:09.801326	SMB2	SetInfo Response
6	10.111.47.4	10.111.9.41	2013-09-03 14:53:09.960851	SMB2	SetInfo Request FILE_INFO/SMB2_FILE_ALLOCATION_INFO
7	10.111.9.41	10.111.47.4	2013-09-03 14:53:09.961397	SMB2	SetInfo Response
8	10.111.47.4	10.111.9.41	2013-09-03 14:53:10.080191	SMB2	SetInfo Request FILE_INFO/SMB2_FILE_ALLOCATION_INFO
9	10.111.9.41	10.111.47.4	2013-09-03 14:53:10.080751	SMB2	SetInfo Response

图 5

我一开始非常高兴，以为终于碰到一回了。仔细一看非常失望，因为这个症状并不符合 Nagle 的定义。Nagle 是在没收到确认之前先收集数据，一旦收到确认就立即把数据发出去，而不是等 100 多毫秒之后再发。如果说这个现象是延迟确认还更接近一点，但也不正确。它实际是应用层的一个 bug 导致的，换了个 SMB 版本后问题就消失了，我就这样错失了一次伪装成高手的机会。

百家争鸣

离职不久的老同事给我发来一条短信："阿满，能否解释一下 Westwood 和 Vegas 等 TCP 算法的差别？"

这个问题让我颇感意外。真是士别三日，当刮目相看，怎么才跳槽没几天就研究到如此高端洋气上档次的方向了？不过转念一想，假如新工作是设计一个网络平台，那还是很有必要知道这些知识的，因为不同的场景适合不同的 TCP 算法。而要了解这些算法，就得从 TCP 最原始的设计开始讲起。

最早系统性地阐述了慢启动、拥塞避免和快速重传等算法的并非 RFC，而是 1993 年年底出版的奇书《TCP/IP Illustrated, Volume 1: The Protocols》，作者是我以前提到过的一位教父级人物——Richard Stevens。直到 1997 年，这本书中的内容才被复制到了 RFC 2001 中。我第一次读到这些算法时拍案叫绝，完全不知道还有优化之处。比如书中介绍了一个叫"临界窗口值"的概念，当拥塞窗口处于临界窗口值以下时，就用增速较快的慢启动算法；当拥塞窗口升到临界窗口值以上时，则改用增速较慢的拥塞避免算法。从图 1 可见，临界窗口前后的斜率有明显的变化。这个机制有利于拥塞窗口在最短时间到达高位，然后保持尽可能长的时间才触碰拥塞点，思路还是很科学的。

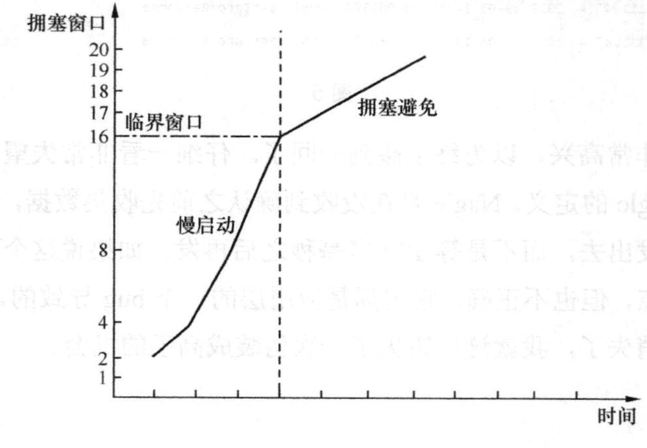

图 1

那临界窗口应该如何取值才合理呢？我能想到的，就是在带宽大的环境中取得大一些，在带宽小的环境中取得小一些。RFC 2001 也是这样建议的，它把临界窗口值定义为发生丢包时拥塞窗口的一半大小。我们可以想象在带宽大的环境中，发生丢包时的拥塞窗口往往也比较大，所以临界窗口值自然会随之加大。可以用下面的例子来加以说明。

图 2 在拥塞窗口为 16 个 MSS 时发生了丢包，而图 3 在拥塞窗口为 8 个 MSS 时就丢包了，说明当时图 2 中的带宽很可能比图 3 中的大。根据 RFC 2001，我们希望接下来图 2 的拥塞窗口能快速恢复到临界窗口值 16/2=8 个 MSS，然后再缓慢增加；也希望图 3 中的拥塞窗口能快速恢复到临界窗口值 8/2=4 个 MSS，然后再缓慢增加。这样做的结果就是图 2 的拥塞窗口比图 3 的增长得更快，更配得起它的带宽。以上这些分析，看上去很有道理吧？

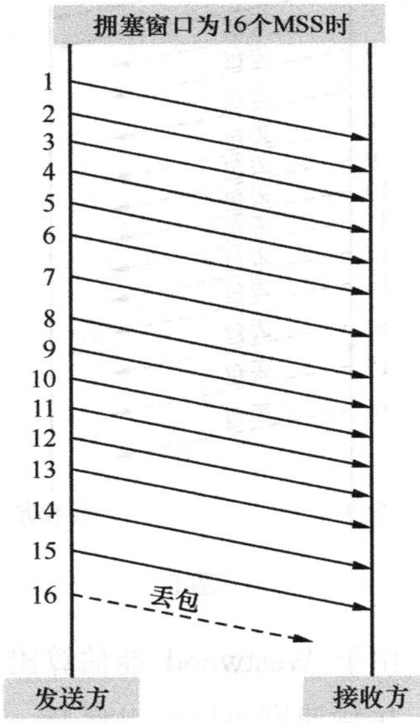

图 2

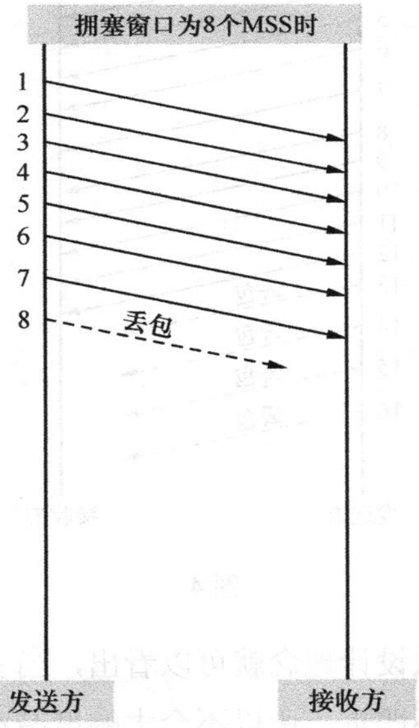

图 3

有些聪明人就不认同以上分析。比如有一位叫 Saverio Mascolo 的意大利人看了这个算法之后，觉得太简单粗暴了。真实环境的丢包状况比上面的例子复杂得多，比如在相同大小的拥塞窗口中，有时候丢包的比例大，有时候丢包的比例小，统一按照拥塞窗口的一半取值是不理想的。我们可以看看下面这个例子。

图 4 和图 5 在发生丢包时的拥塞窗口都是 16 个 MSS，不过图 4 丢了 4 个包，而图 5 丢了 12 个。如果按照 RFC 2001 的算法，两边的临界窗口值都应该被定义为 16/2=8 个 MSS。这显然是不合理的，因为图 4 丢了 4 个包，图 5 丢了 12 个，说明当时图 4 的带宽很可能比图 5 的大，应该把临界窗口值设得比图 5 的大才对。归纳一下，理想的算法应该是先推算出有多少包已经被送达接收方，从而更精确地估算发生拥塞时的带宽，最后再依据带宽来确定新的拥塞窗口。那么如何知道哪些包被送达了呢？熟悉 TCP 协议的读者应该想到了——可以根据接收方回应的 Ack 来推算。于是不安分的 Saverio 先生依据这个理论提出了 Westwood 算法（当然实施起来不是我说的这么简单），后来又升级为 Westwood+。

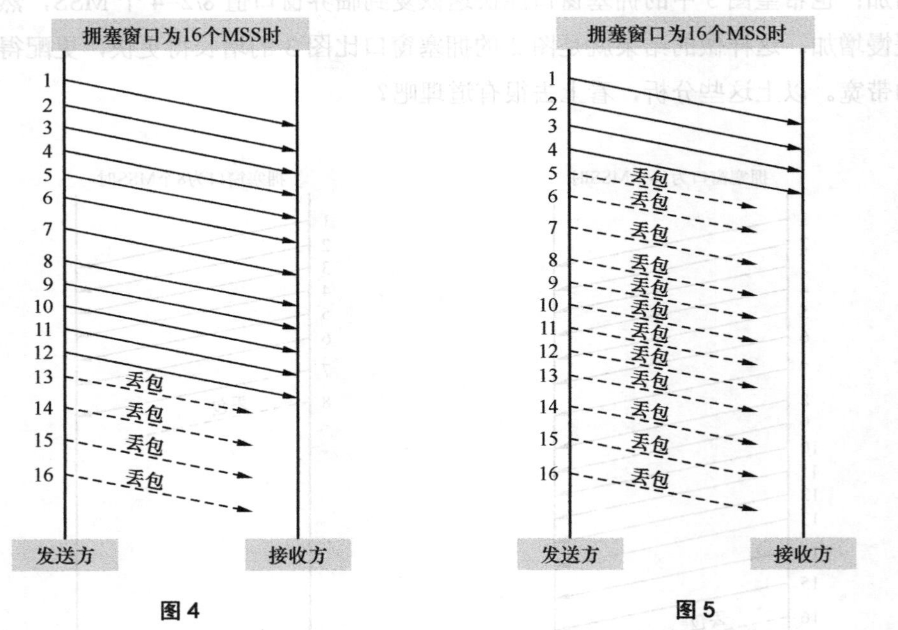

图 4　　图 5

从设计理念就可以看出，当丢包很轻微时，由于 Westwood 能估算出当时拥塞并不严重，所以不会大幅度减小临界窗口值，传输速度也能得以保持。在经常发生非拥塞性丢包的环境中（比如无线网络），Westwood 最能体现出其优势。目前关于 Westwood 的研究有很多，我甚至能找到不少中文论文，实际中也有应用，比如部分 Linux 版本就用到了它。我一向有“人肉”IT 界牛人的习惯，Saverio 先生当然也在列。不过当我打开他的主页时，发现都是意大利文，只好作罢。

这里要插播一个有趣的情况。RFC 2581 也同样改进了 RFC 2001 中关于临界窗口值的计算公式，把原先“拥塞窗口的一半”改为 FlightSize 的一半，其中 FlightSize 的定义是“The amount of data that has been sent but not yet acknowledged（已发送但未确认的数据量）。”如果根据这个定义，我们会惊奇地算出图 4 的临界窗口值为 4/2=2 MSS，而图 5 的临界窗口值为 12/2=6 MSS。这跟“图 4 应该大于图 5”的期望是完全相反的，难道 RFC 2581 有错误？这可是经过无数人检验过的著名文档。我曾经忐忑不安地把这个问题发给过几位国外同行，说“Could you confirm if there is any problem with my brain or RFC 2581?”幸好得到的答复大多认为我的大脑是正常的，他们也认为这个算法有问题。最后有一位大牛现身，说我们对 RFC 2581 的要求太高了，当初设计的时候根本没考虑这么多。引进 FlightSize 只是为了得到一个安全的临界窗口值，而不是像 Westwood+一样追求比较理想的窗口。

接下来我们说说 Vegas 算法。如果说 Westwood 只是对 TCP 进行了细节性的、改良性的优化，Vegas 则引入了一个全新的理念。本书之前介绍过的所有算法，都是在丢包后才调节拥塞窗口的。Vegas 却独辟蹊径，通过监控网络状态来调整发包速度，从而实现真正的“拥塞避免”。它的理论依据也并不复杂：当网络状况良好时，数据包的 RTT（往返时间）比较稳定，这时候就可以增大拥塞窗口；当网络开始繁忙时，数据包开始排队，RTT 就会变大，这时候就需要减小拥塞窗口了。该设计的最大优势在于，在拥塞真正发生之前，发送方已经能通过 RTT 预测到，并且通过减缓发送速度来避免丢包的发生。

与别的算法相比，Vegas 就像一位敏感、稳重、谦让的君子。我们可以想象当环境中所有发送方都使用 Vegas 时，总体传输情况是更稳定、更高效的，因为几乎没有丢包会发生。而当环境中存在 Vegas 和其他算法时，使用 Vegas 的发送方可能是性能最差的，因为它最早探测到网络繁忙，然后主动降低了自己的传输速度。这一让步可能就释放了网络的压力，从而避免其他发送方遭遇丢包。这个情况有点像开车，如果路上每位司机的车品都很好，谦让守规矩，则整体交通状况良好；而如果一位车品很好的司机跟一群车品很差的司机一起开车，则可能被频繁加塞，最后成了开得最慢的一个。

除了本文提到的 Westwood 和 Vegas，还有很多有意思的 TCP 算法。比如 Windows 操作系统中用到的 Compound 算法就同时维持了两个拥塞窗口，其中一个类似 Vegas，另一个类似 RFC 2581，但真正起作用的是两者之和。所以说 Compound 走的是中庸之道，在保持谦让的前提下也不失进取。在 Windows 7 上，默认情况下 Compound 算法是关闭的，我们可以通过下面的命令来启用它。

```
netsh interface tcp set global congestionprovider=ctcp
```

启用之后如果觉得不合适，可以通过以下命令来关闭。

```
netsh interface tcp set global congestionprovider=none
```

图 6 是在我的实验机上启用的过程。

```
Administrator: C:\Windows\system32\cmd.exe
C:\>netsh interface tcp show global
Querying active state...

TCP Global Parameters
----------------------------------------------
Receive-Side Scaling State          : enabled
Chimney Offload State               : automatic
NetDMA State                        : enabled
Direct Cache Acess (DCA)            : disabled
Receive Window Auto-Tuning Level    : normal
Add-On Congestion Control Provider  : none
ECN Capability                      : disabled
RFC 1323 Timestamps                 : disabled


C:\>netsh interface tcp set global congestionprovider=ctcp
Ok.


C:\>netsh interface tcp show global
Querying active state...

TCP Global Parameters
----------------------------------------------
Receive-Side Scaling State          : enabled
Chimney Offload State               : automatic
NetDMA State                        : enabled
Direct Cache Acess (DCA)            : disabled
Receive Window Auto-Tuning Level    : normal
Add-On Congestion Control Provider  : ctcp
ECN Capability                      : disabled
RFC 1323 Timestamps                 : disabled
```

图 6

Linux 操作系统则在不同的内核版本中使用不同的默认 TCP 算法，比如 Linux kernels 2.6.18 用到了 BIC 算法，而 Linux kernels 2.6.19 则升级到了 CUBIC 算法。后者比前者的行为保守一些，因为在网络状况非常糟糕的状况下，保守一点的性能反而更好。

在过去几十年里，虽然 TCP 从来没有遇到过对手，不过它自己已经演化出无数分身，形成百家争鸣的局面。本文无法一一列举所有的算法，点到的也如蜻蜓点水，假如你想为自己的网络平台选取其中一种，还需要多多研究。

简单的代价——UDP

说到 UDP，就不得不拿 TCP 来对比。谁叫它们是竞争对手呢？

前文提到过 UDP 无需连接，所以非常适合 DNS 查询。图 1 和图 2 是分别在基于 UDP 和 TCP 时执行 DNS 查询的两个包，前者明显更加直截了当，两个包就完成了。

基于 UDP 的查询:

No.	Source	Destination	Time	Protocol	Info
1	10.32.106.159	10.32.106.103	2013-08-13 16:57:52.895422	DNS	Standard query A paddy_cifs.nas.com
2	10.32.106.103	10.32.106.159	2013-08-13 16:57:52.895915	DNS	Standard query response A 10.32.106.77

图 1

基于 TCP 的查询：

No.	Source	Destination	Time	Protocol	Info
1	10.32.106.159	10.32.106.103	16:39:08.396	TCP	38541 > domain [SYN] Seq=0 Win=5840 Len=0 MSS=1460 SACK_PERM=1 TSv
2	10.32.106.103	10.32.106.159	16:39:08.396	TCP	domain > 38541 [SYN, ACK] Seq=0 Ack=1 Win=16384 Len=0 MSS=1460 WS=
3	10.32.106.159	10.32.106.103	16:39:08.396	TCP	38541 > domain [ACK] Seq=1 Ack=1 Win=5856 Len=0 TSval=2711905588 T
4	10.32.106.159	10.32.106.103	16:39:08.396	DNS	Standard query A paddy_cifs.nas.com
5	10.32.106.103	10.32.106.159	16:39:08.397	DNS	Standard query response A 10.32.106.77
6	10.32.106.159	10.32.106.103	16:39:08.397	TCP	38541 > domain [ACK] Seq=39 Ack=55 Win=5856 Len=0 TSval=2711905588
7	10.32.106.159	10.32.106.103	16:39:08.397	TCP	38541 > domain [FIN, ACK] Seq=39 Ack=55 Win=5856 Len=0 TSval=271190
8	10.32.106.103	10.32.106.159	16:39:08.398	TCP	domain > 38541 [ACK] Seq=55 Ack=40 Win=65497 Len=0 TSval=81445534
9	10.32.106.103	10.32.106.159	16:39:08.398	TCP	domain > 38541 [FIN, ACK] Seq=55 Ack=40 Win=65497 Len=0 TSval=8144
10	10.32.106.159	10.32.106.103	16:39:08.398	TCP	38541 > domain [ACK] Seq=40 Ack=56 Win=5856 Len=0 TSval=2711905588

图 2

UDP 为什么能如此直接呢？其实是因为它设计简单，想复杂起来都没办法——在 UDP 协议头中，只有端口号、包长度和校验码等少量信息，总共就 8 个字节。小巧的头部给它带来了一些优点。

- 由于 UDP 协议头长度还不到 TCP 头的一半，所以在同样大小的包里，UDP 包携带的净数据比 TCP 包多一些。

- 由于 UDP 没有 Seq 号和 Ack 号等概念，无法维持一个连接，所以省去了建立连接的负担。这个优势在 DNS 查询中体现得淋漓尽致。

当然简单的设计不一定是好事，更多的时候会带来问题。

1．UDP 不像 TCP 一样在乎双方 MTU 的大小。它拿到应用层的数据之后，直接打上 UDP 头就交给下一层了。那么超过 MTU 的时候怎么办？在这种情况下，发送方的网络层负责分片，接收方收到分片后再组装起来，这个过程会消耗资源，降低性能。图 3 是一个 32 KB 的写操作，根据发送方的 MTU 被切成了 23 个分片。

No.	Source	Destination	Time	Protocol	Info
7	10.32.106.159	10.32.106.72	13:55:59	IP	Fragmented IP protocol (proto=UDP 0x11, off=0, ID=008c) [Reassembled in #29]
8	10.32.106.159	10.32.106.72	13:55:59	IP	Fragmented IP protocol (proto=UDP 0x11, off=1480, ID=008c) [Reassembled in #29]
9	10.32.106.159	10.32.106.72	13:55:59	IP	Fragmented IP protocol (proto=UDP 0x11, off=2960, ID=008c) [Reassembled in #29]
10	10.32.106.159	10.32.106.72	13:55:59	IP	Fragmented IP protocol (proto=UDP 0x11, off=4440, ID=008c) [Reassembled in #29]
11	10.32.106.159	10.32.106.72	13:55:59	IP	Fragmented IP protocol (proto=UDP 0x11, off=5920, ID=008c) [Reassembled in #29]
12	10.32.106.159	10.32.106.72	13:55:59	IP	Fragmented IP protocol (proto=UDP 0x11, off=7400, ID=008c) [Reassembled in #29]
13	10.32.106.159	10.32.106.72	13:55:59	IP	Fragmented IP protocol (proto=UDP 0x11, off=8880, ID=008c) [Reassembled in #29]
14	10.32.106.159	10.32.106.72	13:55:59	IP	Fragmented IP protocol (proto=UDP 0x11, off=10360, ID=008c) [Reassembled in #29]
15	10.32.106.159	10.32.106.72	13:55:59	IP	Fragmented IP protocol (proto=UDP 0x11, off=11840, ID=008c) [Reassembled in #29]
16	10.32.106.159	10.32.106.72	13:55:59	IP	Fragmented IP protocol (proto=UDP 0x11, off=13320, ID=008c) [Reassembled in #29]
17	10.32.106.159	10.32.106.72	13:55:59	IP	Fragmented IP protocol (proto=UDP 0x11, off=14800, ID=008c) [Reassembled in #29]
18	10.32.106.159	10.32.106.72	13:55:59	IP	Fragmented IP protocol (proto=UDP 0x11, off=16280, ID=008c) [Reassembled in #29]
19	10.32.106.159	10.32.106.72	13:55:59	IP	Fragmented IP protocol (proto=UDP 0x11, off=17760, ID=008c) [Reassembled in #29]
20	10.32.106.159	10.32.106.72	13:55:59	IP	Fragmented IP protocol (proto=UDP 0x11, off=19240, ID=008c) [Reassembled in #29]
21	10.32.106.159	10.32.106.72	13:55:59	IP	Fragmented IP protocol (proto=UDP 0x11, off=20720, ID=008c) [Reassembled in #29]
22	10.32.106.159	10.32.106.72	13:55:59	IP	Fragmented IP protocol (proto=UDP 0x11, off=22200, ID=008c) [Reassembled in #29]
23	10.32.106.159	10.32.106.72	13:55:59	IP	Fragmented IP protocol (proto=UDP 0x11, off=23680, ID=008c) [Reassembled in #29]
24	10.32.106.159	10.32.106.72	13:55:59	IP	Fragmented IP protocol (proto=UDP 0x11, off=25160, ID=008c) [Reassembled in #29]
25	10.32.106.159	10.32.106.72	13:55:59	IP	Fragmented IP protocol (proto=UDP 0x11, off=26640, ID=008c) [Reassembled in #29]
26	10.32.106.159	10.32.106.72	13:55:59	IP	Fragmented IP protocol (proto=UDP 0x11, off=28120, ID=008c) [Reassembled in #29]
27	10.32.106.159	10.32.106.72	13:55:59	IP	Fragmented IP protocol (proto=UDP 0x11, off=29600, ID=008c) [Reassembled in #29]
28	10.32.106.159	10.32.106.72	13:55:59	IP	Fragmented IP protocol (proto=UDP 0x11, off=31080, ID=008c) [Reassembled in #29]
29	10.32.106.159	10.32.106.72	13:55:59	NFS	V3 WRITE Call (Reply In 142), FH:0xcc0551af Offset:0 Len:32768 UNSTABLE

图 3

2．UDP 没有重传机制，所以丢包由应用层来处理。如下面的例子所示，某个写操作需要 6 个包完成。当基于 UDP 的写操作中有一个包丢失时，客户端不得不重传整个写操作（6 个包）。相比之下，基于 TCP 的写操作就好很多，只要重传丢失的那 1 个包即可。

基于 UDP 的 NFS 写操作（见图 4）：

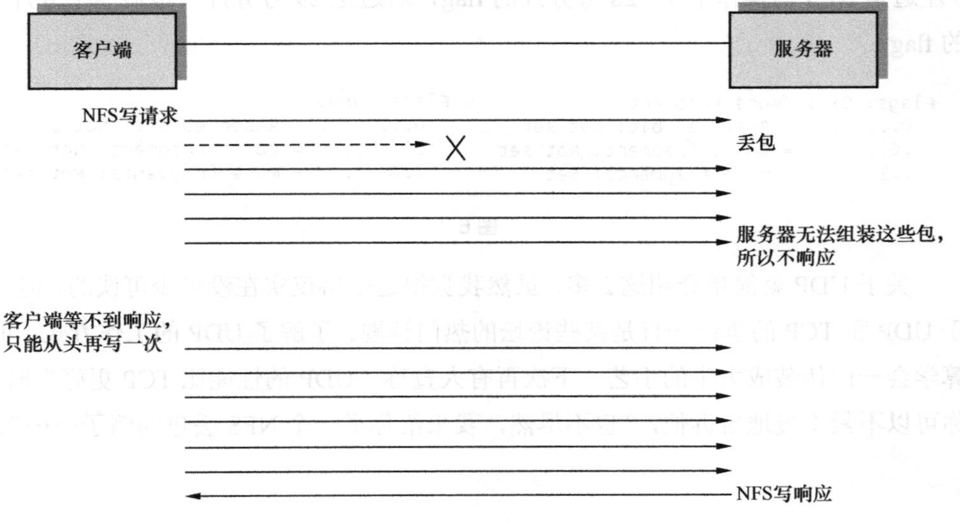

图 4

基于 TCP 的 NFS 写操作（见图 5）：

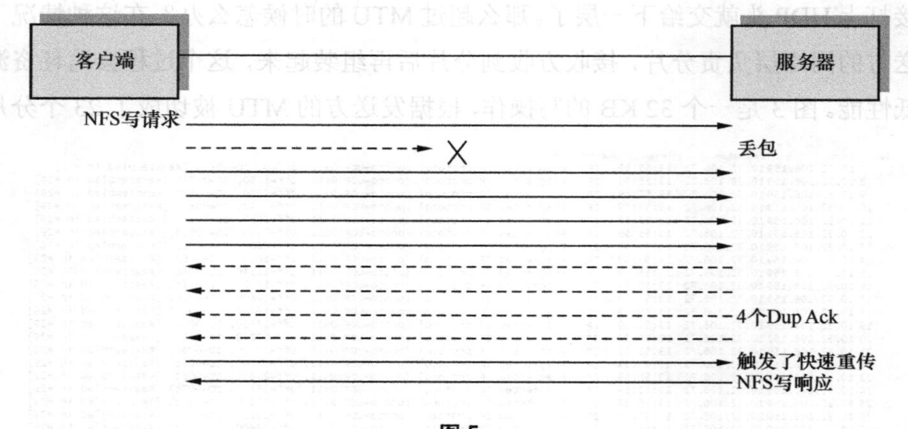

图 5

也许从这个例子你还感受不到明显的差别，试想一下，在高性能环境中，一个写操作需要数十个包来完成，UDP 的劣势就体现出来了。

3．分片机制存在弱点，会成为黑客的攻击目标。接收方之所以知道什么时候该把分片组装起来，是因为每个包里都有 “More fragments” 的 flag。1 表示后续还有分片，0 则表示这是最后一个分片，可以组装了。如果黑客持续快速地发送 flag 为 1 的 UDP 包，接收方一直无法把这些包组装起来，就有可能耗尽内存。图 6 左边是 NFS 写操作中 7～28 号分片的 flag，右边是 29 号分片（最后一个分片）的 flag。

```
⊟ Flags: 0x01 (More Fragments)            ⊟ Flags: 0x00
   0... .... = Reserved bit: Not set          0... .... = Reserved bit: Not set
   .0.. .... = Don't fragment: Not set        .0.. .... = Don't fragment: Not set
   ..1. .... = More fragments: Set            ..0. .... = More fragments: Not set
```

图 6

关于 UDP 就简单介绍这么多。虽然我觉得这个协议实在没多少可谈的，但关于 UDP 和 TCP 的争论一直是某些论坛的热门话题。了解了 UDP 的工作方式，也算学会一门伪装成大牛的手艺。下次再有人宣称“UDP 的性能比 TCP 更好”时，你可以不紧不慢地告诉他，“也不尽然，我来给你举一个 NFS 丢包的例子……”。

剖析 CIFS 协议

前文介绍过一个文件共享协议，即 Sun 设计的 NFS。理论上 NFS 可以应用在任何操作系统上，但是因为历史原因，现实中只在 Linux/UNIX 上流行。那 Windows 上一般使用什么共享协议呢？它就是微软维护的SMB协议，也叫Common Internet File System（CIFS）。CIFS 协议有三个版本：SMB、SMB2 和 SMB3，目前 SMB 和 SMB2 比较普遍。

在 Windows 上创建 CIFS 共享非常简单，只要在一个目录上右键单击，在弹出的菜单中选择属性-->共享，再配置一下权限就可以了。如图 1 所示，在其他电脑上只要输入 IP 和共享名就可以访问它了。

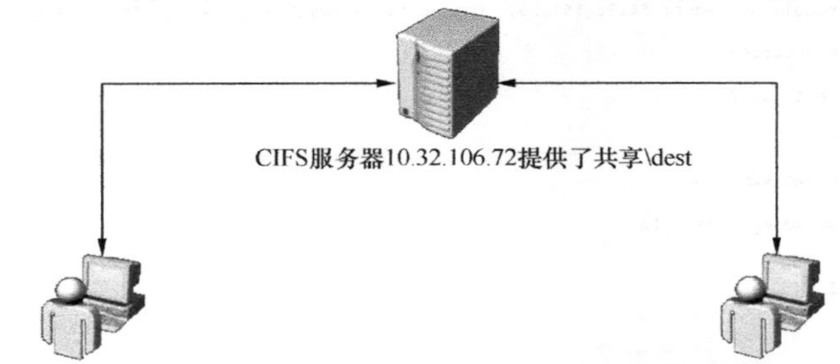
CIFS服务器10.32.106.72提供了共享\dest
CIFS客户机A通过\\10.32.106.72\dest在服务器上读写
CIFS客户机B也通过\\10.32.106.72\dest在服务器上读写

图 1

我在读大学的时候，曾经把整个 D 盘共享出来，没想到几天后就有雷锋在里面放了几部小电影。CIFS 在企业环境中应用非常广泛，比如映射网络盘或者共享打印机；同事间共享资料也可以采用这种方式。由于使用 CIFS 的用户实在太多，微软的技术支持部门每天都会收到很多关于 CIFS 问题的咨询（我读大学时曾在那里兼职过一年）。

要想成为 CIFS 方面的专家，就必须了解它的工作方式。比如在我的实验室中，客户端 10.32.200.43 打开共享文件\\10.32.106.72\dest\abc.txt 时，底层究竟发生了什么？借助 Wireshark，我们可以把这个过程看得清清楚楚。

首先，CIFS 只能基于 TCP，所以必定是以三次握手开始的。从图 2 可见，CIFS 服务器上的端口号为 445。

```
No. Source        Destination   Time            Protocol Info
  1 10.32.200.43  10.32.106.72  07:34:30.458935 TCP      54136 > microsoft-ds [SYN] Seq=0 Win=8192 Len=0 MSS=1428
  2 10.32.106.72  10.32.200.43  07:34:30.459902 TCP      microsoft-ds > 54136 [SYN, ACK] Seq=0 Ack=1 Win=65535 Len
  3 10.32.200.43  10.32.106.72  07:34:30.460019 TCP      54136 > microsoft-ds [ACK] Seq=1 Ack=1 Win=65536 Len=0

⊞ Frame 3: 54 bytes on wire (432 bits), 54 bytes captured (432 bits)
⊞ Ethernet II, Src: Dell_68:80:28 (5c:26:0a:68:80:28), Dst: Cisco_e3:a6:80 (ec:30:91:e3:a6:80)
⊞ Internet Protocol, Src: 10.32.200.43 (10.32.200.43), Dst: 10.32.106.72 (10.32.106.72)
⊞ Transmission Control Protocol, Src Port: 54136 (54136), Dst Port: microsoft-ds (445), Seq: 1, Ack: 1, Len: 0
```

图 2

接下来的第一个 CIFS 操作是 Negotiate（协商）。协商些什么呢？请关注图 3 的底部，可见客户端把自己支持的所有 CIFS 版本，比如 SMB2 和 NT LM 0.12（为了便于和 SMB2 对比，接下来我们称它为 SMB）等都发给服务器。

```
No. Source        Destination   Time            Protocol Info
  4 10.32.200.43  10.32.106.72  07:34:30.460122 SMB      Negotiate Protocol Request
  6 10.32.106.72  10.32.200.43  07:34:30.461026 SMB      Negotiate Protocol Response

⊞ Frame 4: 213 bytes on wire (1704 bits), 213 bytes captured (1704 bits)
⊞ Ethernet II, Src: Dell_68:80:28 (5c:26:0a:68:80:28), Dst: Cisco_e3:a6:80 (ec:30:91:e3:a6:80)
⊞ Internet Protocol, Src: 10.32.200.43 (10.32.200.43), Dst: 10.32.106.72 (10.32.106.72)
⊞ Transmission Control Protocol, Src Port: 54136 (54136), Dst Port: microsoft-ds (445), Seq: 1, Ack: 1
⊞ NetBIOS Session Service
⊟ SMB (Server Message Block Protocol)
  ⊞ SMB Header
  ⊟ Negotiate Protocol Request (0x72)
      Word Count (WCT): 0
      Byte Count (BCC): 120
    ⊟ Requested Dialects
      ⊞ Dialect: PC NETWORK PROGRAM 1.0
      ⊞ Dialect: LANMAN1.0
      ⊞ Dialect: Windows for Workgroups 3.1a
      ⊞ Dialect: LM1.2X002
      ⊞ Dialect: LANMAN2.1
      ⊞ Dialect: NT LM 0.12
      ⊞ Dialect: SMB 2.002
      ⊞ Dialect: SMB 2.???
```

图 3

服务器从中挑出自己所支持的最高版本回复给客户端。从图 4 中可知，服务器选择的是 NT LM 0.12（SMB），这说明了该服务器不支持 SMB2。

```
No. Source        Destination   Time            Protocol Info
  4 10.32.200.43  10.32.106.72  07:34:30.460122 SMB      Negotiate Protocol Request
  6 10.32.106.72  10.32.200.43  07:34:30.461026 SMB      Negotiate Protocol Response

⊞ Frame 6: 221 bytes on wire (1768 bits), 221 bytes captured (1768 bits)
⊞ Ethernet II, Src: Cisco_e3:a6:80 (ec:30:91:e3:a6:80), Dst: Dell_68:80:28 (5c:26:0a:68:80:28)
⊞ Internet Protocol, Src: 10.32.106.72 (10.32.106.72), Dst: 10.32.200.43 (10.32.200.43)
⊞ Transmission Control Protocol, Src Port: microsoft-ds (445), Dst Port: 54136 (54136), Seq: 1, Ack: 160
⊞ NetBIOS Session Service
⊟ SMB (Server Message Block Protocol)
  ⊞ SMB Header
  ⊟ Negotiate Protocol Response (0x72)
      Word Count (WCT): 17
      Dialect Index: 5: NT LM 0.12
```

图 4

理解了协商过程就可以处理 CIFS 版本相关的问题了。比如我接到过新加坡某银行的咨询，他们想知道如何让客户端 A 和服务器 C 之间用 SMB2 通信，而客户端 B 和服务器 C 之间用 SMB 通信。我的建议是在 A 和 C 上都启用 SMB2，而在 B 上只启用 SMB，这样就能协商出想要的结果。

协商好版本之后，就可以建立 CIFS Session 了，如图 5 所示。

No.	Source	Destination	Time	Protocol	Info
7	10.32.200.43	10.32.106.72	07:34:30.461807	SMB	Session Setup AndX Request, NTLMSSP_NEGOTIATE
8	10.32.106.72	10.32.200.43	07:34:30.462683	SMB	Session Setup AndX Response, NTLMSSP_CHALLENGE, NTLMSSP_CHALLENGE, Error: STATUS_MORE_PROCESSING_REQUIRED
9	10.32.200.43	10.32.106.72	07:34:30.463181	SMB	Session Setup AndX Request, NTLMSSP_AUTH, User: nas.com\administrator
10	10.32.106.72	10.32.200.43	07:34:30.470170	SMB	Session Setup AndX Response

图 5

Session Setup 的主要任务是身份验证，常用的方式有 Kerberos 和 NTLM（本例就是用到 NTLM）。这两种方式都非常复杂且有趣，我会另写一篇文章专门介绍。假如有用户抱怨访问不了 CIFS 服务器，问题很可能就发生在 Session Setup。

Session Setup 过后，意味着已经打开\\10.32.106.72 了。接下来要做的是打开\dest 共享。如图 6 所示，这个操作称为 Tree Connect。

No.	Source	Destination	Time	Protocol	Info
11	10.32.200.43	10.32.106.72	07:34:30.470888	SMB	Tree Connect AndX Request, Path: \\10.32.106.72\DEST
12	10.32.106.72	10.32.200.43	07:34:30.471797	SMB	Tree Connect AndX Response

```
⊟ SMB Header
    Server Component: SMB
    [Response to: 11]
    [Time from request: 0.000909000 seconds]
    SMB Command: Tree Connect AndX (0x75)
    Error Class: Success (0x00)
    Reserved: 00
    Error Code: No Error
  ⊞ Flags: 0x81
  ⊞ Flags2: 0x8801
    Process ID High: 0
    Signature: 0000000000000000
    Reserved: 0000
  ⊞ Tree ID: 63  (\\10.32.106.72\DEST)
```

图 6

点开这两个 Tree Connect 包，最有价值的信息当属服务器返回的 Tree ID（如图 6 底部所示）。从此之后客户端就能利用这个 ID 去访问/dest 共享的子目录和子文件。这一步看似简单，但初学者也会有一些疑问。

常见问题 1：如果用户无权访问此目录，会不会在 Tree Connect 这一步失败？

答案：不会。Tree Connect 并不检查权限，所以即便是无权访问的用户也能得到 Tree ID。检查权限的工作由接下来的 Create 操作完成。

常见问题 2：某用户已经打开了\\10.32.106.72\dest\abc.txt，如果还想再打开\\10.32.106.72\source\abc.txt，需要再建一个 TCP 连接吗？

答案：没有必要，在一个 TCP 连接上能维持多个打开的 Tree Connect。

过了 Tree Connect 是不是该开始读 abc.txt 了？其实还差很多步骤，接下来客户端还要在服务器上查询很多信息。看了图 7 你就能理解为什么人们都嫌 CIFS 协议啰嗦了。

No.	Source	Destination	Time	Protocol	Info
13	10.32.200.43	10.32.106.72	07:34:30.472193	SMB	Trans2 Request, QUERY_PATH_INFO, Query File Basic Info, Path: \a.txt
14	10.32.106.72	10.32.200.43	07:34:30.473051	SMB	Trans2 Response, QUERY_PATH_INFO
15	10.32.200.43	10.32.106.72	07:34:30.473177	SMB	Trans2 Request, QUERY_PATH_INFO, Query File Standard Info, Path: \a.txt
16	10.32.106.72	10.32.200.43	07:34:30.473913	SMB	Trans2 Response, QUERY_PATH_INFO
17	10.32.200.43	10.32.106.72	07:34:30.474539	SMB	Trans2 Request, QUERY_PATH_INFO, Query File Basic Info, Path:
18	10.32.106.72	10.32.200.43	07:34:30.475274	SMB	Trans2 Response, QUERY_PATH_INFO
19	10.32.200.43	10.32.106.72	07:34:30.475383	SMB	Trans2 Request, QUERY_PATH_INFO, Query File Standard Info, Path:
20	10.32.106.72	10.32.200.43	07:34:30.476100	SMB	Trans2 Response, QUERY_PATH_INFO
21	10.32.200.43	10.32.106.72	07:34:30.476377	SMB	Trans2 Request, QUERY_FS_INFO, Query FS Attribute Info
22	10.32.106.72	10.32.200.43	07:34:30.477129	SMB	Trans2 Response, QUERY_FS_INFO
23	10.32.200.43	10.32.106.72	07:34:30.506991	SMB	Trans2 Request, FIND_FIRST2, Pattern: \a.txt
24	10.32.106.72	10.32.200.43	07:34:30.507788	SMB	Trans2 Response, FIND_FIRST2, Files: a.txt
25	10.32.200.43	10.32.106.72	07:34:30.509622	SMB	NT Create AndX Request, FID: 0x003f, Path:
26	10.32.106.72	10.32.200.43	07:34:30.510535	SMB	NT Create AndX Response, FID: 0x003f
27	10.32.200.43	10.32.106.72	07:34:30.510658	SMB	Trans2 Request, QUERY_FILE_INFO, FID: 0x003f, Query File Internal Info
28	10.32.106.72	10.32.200.43	07:34:30.511380	SMB	Trans2 Response, FID: 0x003f, QUERY_FILE_INFO
29	10.32.200.43	10.32.106.72	07:34:30.511889	SMB	Trans2 Request, QUERY_FILE_INFO, FID: 0x003f, Query File Standard Info
30	10.32.106.72	10.32.200.43	07:34:30.512609	SMB	Trans2 Response, FID: 0x003f, QUERY_FILE_INFO

图 7

其实从 13 号到 68 号包都是类似图 7 所示的网络包，图 7 只显示了一小部分，我不想把所有内容都贴出来浪费纸张。这些包查询了文件的基本属性、标准属性、扩展属性，还有文件系统的信息等。幸好 SMB2 对此有所改进。

再多的属性也有查完的时候，到了 69 号包终于看到 Create Request \abc.txt 了（见图 8）。

No.	Source	Destination	Time	Protocol	Info
69	10.32.200.43	10.32.106.72	07:34:30.551849	SMB	NT Create AndX Request, FID: 0x0044, Path: \a.txt
70	10.32.106.72	10.32.200.43	07:34:30.552692	SMB	NT Create AndX Response, FID: 0x0044

图 8

Create 是 CIFS 中非常重要的一个操作。无论是新建文件、打开目录，还是读写文件，都需要 Create。有时候我们因为没有权限遭遇“Access Denied”错误，或者覆盖文件时收到“File Already Exists”提醒，都是来自 Create 这个操作。经常有人会咨询的几个关于 Create 的问题如下所示。

常见问题 1：如果\dest 的权限里禁止某用户访问，但\dest\abc.txt 的权限里允许该用户访问，那他打开\\10.32.106.72\dest\abc.txt 时会不会失败？

答案：如果该用户先打开\\10.32.106.72\dest，就会在“NT Create \dest”这一步收到 Access Denied 报错，当然就无法再进一步打开 abc.txt 了。而如果直接在地址栏输入\\10.32.106.72\dest\abc.txt，则可以跳过“NT Create \dest”这一步，所以不会有任何报错。也就是说可以直接打开子文件 abc.txt，却打不开上级文件夹\dest，这个结果可能是很多人意想不到的。

常见问题 2：Windows 的 Backup Operators 组中的用户有权限备份所有文件，但不一定有权限读文件。那服务器是怎么知道一个用户是想备份还是想读的？

答案：备份和读这两个行为的确非常相似，都是依靠 Read 操作来完成的。它们的不同点在于，备份的时候在 Create 请求中的“Backup Intent”设为 1，而读的时候“Backup Intent”设为 0（如图 9 所示）。服务器就是依靠 Backup Intent 来决定是否允许访问的。

```
⊟ Create Options: 0x00000040
    .... .... .... .... .... .... .... ...0 = Directory: File being created/opened must not be a directory
    .... .... .... .... .... .... .... ..0. = Write Through: Writes need not flush buffered data before completing
    .... .... .... .... .... .... .... .0.. = Sequential Only: The file might not only be accessed sequentially
    .... .... .... .... .... .... .... 0... = Intermediate Buffering: Intermediate buffering is allowed
    .... .... .... .... .... .... ...0 .... = Sync I/O Alert: Operations NOT necessarily synchronous
    .... .... .... .... .... .... ..0. .... = Sync I/O Nonalert: Operations NOT necessarily synchronous
    .... .... .... .... .... .... .1.. .... = Non-Directory: File being created/opened must not be a directory
    .... .... .... .... .... .... 0... .... = Create Tree Connection: Create Tree Connections is NOT set
    .... .... .... .... .... ...0 .... .... = Complete If Oplocked: Complete if oplocked is NOT set
    .... .... .... .... .... ..0. .... .... = No EA Knowledge: The client understands extended attributes
    .... .... .... .... .... .0.. .... .... = 8.3 Only: The client understands long file names
    .... .... .... .... .... 0... .... .... = Random Access: The file will not be accessed randomly
    .... .... .... .... ...0 .... .... .... = Delete On Close: The file should not be deleted when it is closed
    .... .... .... .... ..0. .... .... .... = Open By FileID: OpenByFileID is NOT set
    .... .... .... .... .0.. .... .... .... = Backup Intent: This is a normal create
    .... .... .... .... 0... .... .... .... = No Compression: Compression is allowed for Open/Create
    .... .... ...0 .... .... .... .... .... = Reserve Opfilter: Reserve Opfilter is NOT set
    .... .... ..0. .... .... .... .... .... = Open Reparse Point: Normal open
    .... .... .0.. .... .... .... .... .... = Open No Recall: Open no recall is NOT set
    .... .... 0... .... .... .... .... .... = Open For Free Space query: This is NOT an open for free space query
```

图 9

常见问题 3：如果多个用户一起访问相同文件，CIFS 如何处理冲突？

答案：在 Create 请求中有 Access Mask 和 Share Access Mask 两个选项。前者

表示该用户对此文件的访问方式（读、写、删等），后者表示该用户允许其他用户对此文件的访问方式。举个例子，用户 A 发送的 Create 请求中，Access Mask 是“读+写”，Share Access Mask 是“读”，表示自己要读和写，并同时允许其他人只读。假如接下来用户 B 也发送 Access Mask 为“读+写”的 Create 请求，就会收到“Sharing Violation”错误，因为 A 不允许其他人写。

图 10 中的 Access Mask 只是读。

```
⊟ Access Mask: 0x00020089
    0... .... .... .... .... .... .... .... = Generic Read: Generic read is NOT set
    .0.. .... .... .... .... .... .... .... = Generic Write: Generic write is NOT set
    ..0. .... .... .... .... .... .... .... = Generic Execute: Generic execute is NOT set
    ...0 .... .... .... .... .... .... .... = Generic All: Generic all is NOT set
    .... ..0. .... .... .... .... .... .... = Maximum Allowed: Maximum allowed is NOT set
    .... ...0 .... .... .... .... .... .... = System Security: System security is NOT set
    .... .... ...0 .... .... .... .... .... = Synchronize: Can NOT wait on handle to synchronize on completion of I/O
    .... .... .... 0... .... .... .... .... = Write Owner: Can NOT write owner (take ownership)
    .... .... .... .0.. .... .... .... .... = Write DAC: Owner may NOT write to the DAC
    .... .... .... ..1. .... .... .... .... = Read Control: READ ACCESS to owner, group and ACL of the SID
    .... .... .... ...0 .... .... .... .... = Delete: NO delete access
    .... .... .... .... .... ...0 .... .... = Write Attributes: NO write attributes access
    .... .... .... .... .... .... 1... .... = Read Attributes: READ ATTRIBUTES access
    .... .... .... .... .... .... .0.. .... = Delete Child: NO delete child access
    .... .... .... .... .... .... ..0. .... = Execute: NO execute access
    .... .... .... .... .... .... ...0 .... = Write EA: NO write extended attributes access
    .... .... .... .... .... .... .... 1... = Read EA: READ EXTENDED ATTRIBUTES access
    .... .... .... .... .... .... .... .0.. = Append: NO append access
    .... .... .... .... .... .... .... ..0. = Write: NO write access
    .... .... .... .... .... .... .... ...1 = Read: READ access
```

图 10

注意：这里讨论的访问冲突指的是 CIFS 协议层的。有些应用软件还有专门的机制防止访问冲突，比如 Word 和 Excel，但 Notepad 就没有。

常见问题 4：CIFS 如何保证缓存数据的一致性？

答案：客户端可以暂时把文件缓存在本地，等用完之后再同步回服务器端。这是提高性能的好办法，就像我们写论文时，都喜欢把图书馆的资料借回来，以备随时查阅。假如不这样做，就得频繁地跑图书馆查资料，时间都浪费在路上了。当只有一个用户在访问某文件时，在客户端缓存该文件是安全的，但是在有多个用户访问同一文件的情况下则可能出现问题。CIFS 采用了 Oplock（机会锁）来解决这个问题。Oplock 有 Exclusive、Batch 和 Level 2 三种形式。Exclusive 允许读写缓存，Batch 允许所有操作的缓存，而 Level 2 只允许读缓存。Oplock 也是在 Create 中实现的，如图 11 底部所示，该客户端被授予 Batch 级别的机会锁，表示他可以缓存所有操作。

```
No.  Source          Destination     Time              Protocol  Info
  69 10.32.200.43   10.32.106.72    07:34:30.551849   SMB       NT Create AndX Request, FID: 0x0044, Path: \a.txt
  70 10.32.106.72   10.32.200.43    07:34:30.552692   SMB       NT Create AndX Response, FID: 0x0044

⊞ Frame 70: 193 bytes on wire (1544 bits), 193 bytes captured (1544 bits)
⊞ Ethernet II, Src: Cisco_e3:a6:80 (ec:30:91:e3:a6:80), Dst: Dell_68:80:28 (5c:26:0a:68:80:28)
⊞ Internet Protocol, Src: 10.32.106.72 (10.32.106.72), Dst: 10.32.200.43 (10.32.200.43)
⊞ Transmission Control Protocol, Src Port: microsoft-ds (445), Dst Port: 54136 (54136), Seq: 3524, Ack: 3063
⊞ NetBIOS Session Service
⊟ SMB (Server Message Block Protocol)
  ⊞ SMB Header
  ⊟ NT Create AndX Response (0xa2)
      Word Count (WCT): 42
      AndXCommand: No further commands (0xff)
      Reserved: 00
      AndXOffset: 0
      Oplock level: Batch oplock granted (2)
```

图 11

为了更好地理解 Oplock 的工作方式，我们假设一个场景来说明。

1. 用户 A 用 Exclusive/Batch 锁打开某文件，然后缓存了很多修改的文件内容。

2. 用户 B 想读同一个文件，所以发了 Create 请求给服务器。

3. 如果此时服务器忽视 A 的 Oplock，直接回复 B 的请求，那 B 就读不到被 A 修改后的内容（也就是出现数据不一致）。因此服务器通知 A 释放 Exclusive/Batch 锁，换成 Level 2 锁。

4. A 立即把缓存里的修改量同步到服务器上。

5. 服务器给 B 回复 Create 响应，同时授予其 Level 2 锁。B 接下来再发读请求，从而得到 A 修改后的文件内容。

到了 Create 这一步，距离 TCP 连接的建立已经过去 0.093 秒。虽然听上去很短，但在局域网中已经算是很长一段时间了。这段时间足够我实验室的 NFS 服务器响应 45 个 64KB 的读操作，而本例中的读操作却刚要开始，可见 CIFS 协议有多啰嗦。这让我想起一个经典问题，“为什么复制一个 1MB 的文件比复制 1024 个 1KB 的文件快很多，虽然它们的总大小是一样的？”原因就是读写每个文件之前要花费很多时间在琐碎的准备工作上。一个 1MB 的文件只需要准备一次，而 1024 个 1KB 的文件却需要 1024 次。

从包号 71 开始，读操作终于出现了。如图 12 所示，CIFS 的读行为看上去和 NFS 非常相似，都是从某个 offset 开始读一定数量的字节。文件的内容“I need a vacation!”能从包里直接看出，说明传输时没有加密。

No.	Source	Destination	Time	Protocol	Info
71	10.32.200.43	10.32.106.72	07:34:30.552946	SMB	Read AndX Request, FID: 0x0044, 18 bytes at offset 0
72	10.32.106.72	10.32.200.43	07:34:30.553700	SMB	Read AndX Response, FID: 0x0044, 18 bytes

```
0000  5c 26 0a 68 80 28 ec 30  91 e3 a6 80 08 00 45 00   \&.h.(.0 ......E.
0010  00 7a 6c c6 00 00 3a 06  cd 04 0a 20 6a 48 0a 20   .zl...:. ... jH.
0020  c8 2b 01 bd d3 78 3f 68  9a 50 8c dd e1 c2 50 18   .+...x?h .P....P.
0030  42 79 c5 86 00 00 00 00  00 4e ff 53 4d 42 2e 00   By...... .N.SMB..
0040  00 00 00 98 03 e8 00 00  00 00 00 00 00 00 00 00   ........ ........
0050  00 00 3f 00 ff fe 3f 00  40 08 0c ff 00 00 00 ff   ..?...?. @.......
0060  ff 00 00 00 00 12 00 3c  00 00 00 00 00 00 00 00   .......< ........
0070  00 00 00 13 00 42 49 20  6e 65 65 64 20 61 20 76   .....BI  need a v
0080  61 63 61 74 69 6f 6e 21                            acation!
```

图 12

还有很多有趣的行为是从这两个包里看不出来的，必须设计一些实验才能归纳出来。比如下面几个常见问题，可能很多读者会感兴趣。

常见问题 1：同样是用 SMB 协议读一个文件，Windows XP 和 Windows 7 的表现有何不同？

答案：通常一个新的操作系统发布时，微软都会罗列它的种种好处，但大家基本上听听就过去了，没有人会去较真。我仔细对比了 Windows XP 和 Windows 7 的读行为之后，发现 Windows 7 的确有所改进。Windows XP 发了一个读请求之后就会停下来等回复，收到回复后再发下一个读请求。而 Windows 7 则可以一口气发出多个读请求，就像 NFS 一样。下面是在这两种操作系统上读同一个文件的过程，两者的差别在 Wireshark 中一目了然。

Windows XP 的 Request 和 Response 是交替的（见图 13）：

No.	Source	Destination	Time	Protocol	Info
45	10.32.200.131	10.32.106.72	16:17:04.050981	SMB	Read AndX Request, FID: 0x016a, 61440 bytes at offset 0
130	10.32.106.72	10.32.200.131	16:17:04.055252	SMB	Read AndX Response, FID: 0x016a, 61440 bytes
132	10.32.200.131	10.32.106.72	16:17:04.055873	SMB	Read AndX Request, FID: 0x016a, 61440 bytes at offset 61440
217	10.32.106.72	10.32.200.131	16:17:04.060227	SMB	Read AndX Response, FID: 0x016a, 61440 bytes
219	10.32.200.131	10.32.106.72	16:17:04.061000	SMB	Read AndX Request, FID: 0x016a, 61440 bytes at offset 122880
304	10.32.106.72	10.32.200.131	16:17:04.065366	SMB	Read AndX Response, FID: 0x016a, 61440 bytes
306	10.32.200.131	10.32.106.72	16:17:04.065880	SMB	Read AndX Request, FID: 0x016a, 61440 bytes at offset 184320
391	10.32.106.72	10.32.200.131	16:17:04.070292	SMB	Read AndX Response, FID: 0x016a, 61440 bytes
393	10.32.200.131	10.32.106.72	16:17:04.070750	SMB	Read AndX Request, FID: 0x016a, 16384 bytes at offset 245760
416	10.32.106.72	10.32.200.131	16:17:04.072588	SMB	Read AndX Response, FID: 0x016a, 16384 bytes
418	10.32.200.131	10.32.106.72	16:17:04.072792	SMB	Read AndX Request, FID: 0x016a, 45056 bytes at offset 262144
479	10.32.106.72	10.32.200.131	16:17:04.076278	SMB	Read AndX Response, FID: 0x016a, 45056 bytes
481	10.32.200.131	10.32.106.72	16:17:04.076725	SMB	Read AndX Request, FID: 0x016a, 61440 bytes at offset 307200
566	10.32.106.72	10.32.200.131	16:17:04.081086	SMB	Read AndX Response, FID: 0x016a, 61440 bytes

图 13

Windows 7 的 Requests 是多个一起发出的（见图 14）：

No.	Source	Destination	Time	Protocol	Info
36	10.32.200.43	10.32.106.72	16:13:14.337036	SMB	Read AndX Request, FID: 0x0042, 32768 bytes at offset 0
37	10.32.200.43	10.32.106.72	16:13:14.337065	SMB	Read AndX Request, FID: 0x0042, 32768 bytes at offset 32768
38	10.32.200.43	10.32.106.72	16:13:14.337086	SMB	Read AndX Request, FID: 0x0042, 32768 bytes at offset 65536
39	10.32.200.43	10.32.106.72	16:13:14.337108	SMB	Read AndX Request, FID: 0x0042, 32768 bytes at offset 98304
40	10.32.200.43	10.32.106.72	16:13:14.337130	SMB	Read AndX Request, FID: 0x0042, 32768 bytes at offset 131072
41	10.32.200.43	10.32.106.72	16:13:14.337152	SMB	Read AndX Request, FID: 0x0042, 32768 bytes at offset 163840
42	10.32.200.43	10.32.106.72	16:13:14.337172	SMB	Read AndX Request, FID: 0x0042, 32768 bytes at offset 196608
43	10.32.200.43	10.32.106.72	16:13:14.337192	SMB	Read AndX Request, FID: 0x0042, 32768 bytes at offset 229376
72	10.32.106.72	10.32.200.43	16:13:14.338476	SMB	Read AndX Response, FID: 0x0042, 32768 bytes
75	10.32.200.43	10.32.106.72	16:13:14.338631	SMB	Read AndX Request, FID: 0x0042, 32768 bytes at offset 262144
98	10.32.106.72	10.32.200.43	16:13:14.339539	SMB	Read AndX Response, FID: 0x0042, 32768 bytes
124	10.32.106.72	10.32.200.43	16:13:14.339914	SMB	Read AndX Response, FID: 0x0042, 32768 bytes
150	10.32.106.72	10.32.200.43	16:13:14.340559	SMB	Read AndX Response, FID: 0x0042, 32768 bytes
153	10.32.200.43	10.32.106.72	16:13:14.340669	SMB	Read AndX Request, FID: 0x0042, 32768 bytes at offset 294912
177	10.32.106.72	10.32.200.43	16:13:14.340972	SMB	Read AndX Response, FID: 0x0042, 32768 bytes

图 14

这两种读方式在延迟小的网络中体现不出差别，在带宽小的环境中差别也不大（因为发送窗口小，一个读请求本来就要多个往返才能传完）。但在高延迟、大带宽的环境中就很不一样了，Windows 7 的性能会比 Windows XP 好很多。在网络有丢包的情况下差别还会更大，因为 Windows XP 比 Windows 7 更容易碰到超时重传。

常见问题 2：利用 Windows Explorer 从 CIFS 共享上复制文件，为什么比 Robocopy 和 EMCopy 之类的工具慢很多？

答案：如果复制一个大文件可能是看不出差别的，但如果是复制一个包含大量小文件的目录，的确是比这些工具慢很多。这是因为 Windows Explorer 是逐个文件复制的（单线程），而这些工具能同时复制多个文件（多线程）。比如上文提到的前 0.093 秒里虽然交互多次，但占用带宽极少，多个文件并行操作的效率会高很多。下面两个图是 EMCopy 的单线程和双线程复制同一文件夹的结果，后者明显要快得多。

单线程的复制（见图 15）：

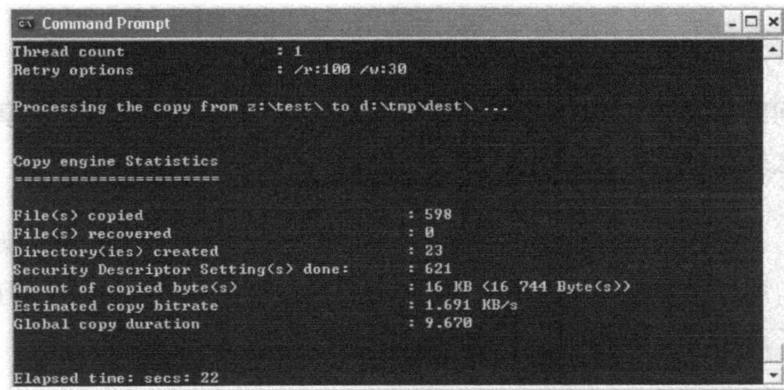

图 15

双线程的复制（见图 16）：

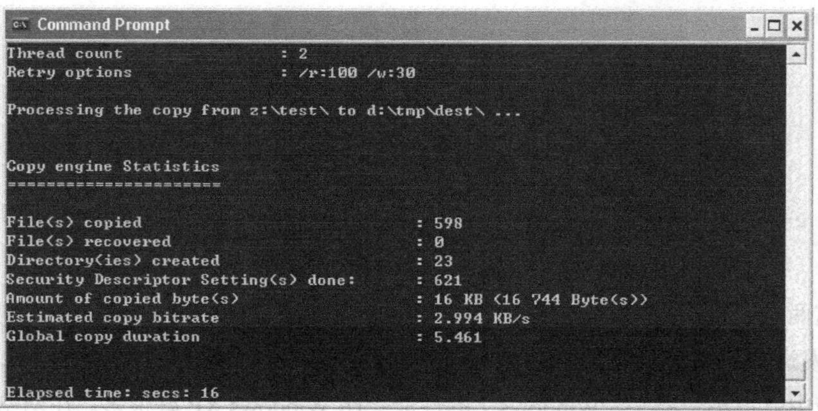

图 16

常见问题 3：从 CIFS 共享里复制一个文件，然后粘贴到同一个目录里，为什么还不如粘贴到客户端的本地硬盘快？

答案：前者需要把数据从服务器复制到客户端的内存里，然后再从客户端的内存写到服务器上，相当于读+写两个操作。而后者只是从服务器读到客户端内存里，然后写到本地硬盘，相当于网络上只有读操作，这样就快了一些。图 17 是前者的网络包。

90	10.32.200.43	10.32.106.77	15:23:58.633530	SMB2	Read Request Len:16152 Off:0 File: nmfs1\abc.txt
107	10.32.106.77	10.32.200.43	15:23:58.638887	SMB2	Read Response
109	10.32.200.43	10.32.106.77	15:23:58.639020	SMB2	Write Request Len:16152 Off:0 File: nmfs1\abc - Copy.txt
116	10.32.106.77	10.32.200.43	15:23:58.640596	SMB2	Write Response
117	10.32.200.43	10.32.106.77	15:23:58.640827	SMB2	SetInfo Request FILE_INFO/SMB2_FILE_BASIC_INFO File: nmfs1\abc - Copy.txt

图 17

SMB3 对此有了本质上的改进，可以完全实现服务器端的本地复制，这样前者反而比后者快了。

常见问题 4：在 CIFS 共享上剪切一个文件，然后粘贴到同一共享的子目录里，为什么就比粘贴到本地硬盘快呢？

答案：在相同的文件系统上剪切、粘贴，本质上只有“rename”操作，并没有读和写，所以是非常快的。请看图 18 的抓包，该操作是把 abc.txt 剪切到一个叫\test 的子目录。

No.	Source	Destination	Time	Protocol	Info
430	10.32.200.131	10.32.106.72	17:06:18.446528	SMB	Rename Request, Old Name: \abc.txt, New Name: \test\abc.txt
431	10.32.106.72	10.32.200.131	17:06:18.447889	SMB	Rename Response

图 18

常见问题 5：为什么在 Windows 7 上启用 SMB2 之后，读性能提高了很多？

答案：这是因为 SMB2 没有 SMB 那么啰嗦。从图 19 可见，读之前的查询用了不到 10 个包，而 SMB 往往要用数十个包来查询各种信息。

```
4650 10.32.200.43  10.32.106.77  13:27:27.036670  SMB2  Create Request File: nmfs1\test\Copy (2) of New Folder\Copy (8) of 1\Copy (13) of New Text Document.txt
4651 10.32.106.77  10.32.200.43  13:27:27.037751  SMB2  Create Response File: nmfs1\test\Copy (2) of New Folder\Copy (8) of 1\Copy (13) of New Text Document.txt
4652 10.32.200.43  10.32.106.77  13:27:27.038049  SMB2  GetInfo Request FILE_INFO/SMB2_FILE_EA_INFO File: nmfs1\test\Copy (2) of New Folder\Copy (8) of 1\Copy (13) of New Text Document.txt:
4653 10.32.106.77  10.32.200.43  13:27:27.038825  SMB2  GetInfo Response;GetInfo Response
4654 10.32.200.43  10.32.106.77  13:27:27.038954  SMB2  GetInfo Request FS_INFO/SMB2_FS_INFO_01 File: nmfs1\test\Copy (2) of New Folder\Copy (8) of 1\Copy (13) of New Text Document.txt;GetI
4655 10.32.106.77  10.32.200.43  13:27:27.039807  SMB2  GetInfo Response;GetInfo Response
4656 10.32.200.43  10.32.106.77  13:27:27.040550  SMB2  GetInfo Request FS_INFO/SMB2_FS_INFO_03 File: nmfs1\test\Copy (2) of New Folder\Copy (8) of 1\Copy (13) of New Text Document.txt
4657 10.32.106.77  10.32.200.43  13:27:27.041268  SMB2  GetInfo Response
4658 10.32.200.43  10.32.106.77  13:27:27.041495  SMB2  Read Request Len:3 Off:0 File: nmfs1\test\Copy (2) of New Folder\Copy (8) of 1\Copy (13) of New Text Document.txt
4659 10.32.106.77  10.32.200.43  13:27:27.042297  SMB2  Read Response
```

图 19

网络江湖

有人的地方就有恩怨，有恩怨的地方就有江湖，IT 圈也是如此。过去十几年里，我们见证了摩托罗拉和诺基亚在手机行业的沉浮；微软和苹果在个人电脑领域的竞争；还有 Windows 和 Linux 操作系统在数据中心领域的角逐。在以后的岁月里，不知道还有多少业内的腥风血雨等着我们。

俗话说内行看门道，外行看热闹。作为技术人员，我们能看到的明争暗斗比其他人更多，甚至能从协议细节中看到高手过招的痕迹。比如说 Windows 和 Linux 之争，也能体现在它们的共享协议 CIFS 和 NFS 上。本书之前已经分别解析过它们的工作方式，这里再来探讨它们的历史和发展趋势。

早期 CIFS 协议的设计比 NFS 落后不少，甚至可以看到一些“不专业”的痕迹。我个人意见最大的有两点。

- 早期 CIFS 协议非常啰嗦，这一点在前面的《剖析 CIFS 协议》一文中已有详解。比如打开一个文件之前竟然需要 50 多个包的来回，部分网络包如图 1 所示。

No.	Source	Destination	Time	Protocol	Info
13	10.32.200.43	10.32.106.72	07:34:30.472193	SMB	Trans2 Request, QUERY_PATH_INFO, Query File Basic Info, Path: \a.txt
14	10.32.106.72	10.32.200.43	07:34:30.473051	SMB	Trans2 Response, QUERY_PATH_INFO
15	10.32.200.43	10.32.106.72	07:34:30.473177	SMB	Trans2 Request, QUERY_PATH_INFO, Query File Standard Info, Path: \a.tx
16	10.32.106.72	10.32.200.43	07:34:30.473913	SMB	Trans2 Response, QUERY_PATH_INFO
17	10.32.200.43	10.32.106.72	07:34:30.474539	SMB	Trans2 Request, QUERY_PATH_INFO, Query File Basic Info, Path:
18	10.32.106.72	10.32.200.43	07:34:30.475274	SMB	Trans2 Response, QUERY_PATH_INFO
19	10.32.200.43	10.32.106.72	07:34:30.475383	SMB	Trans2 Request, QUERY_PATH_INFO, Query File Standard Info, Path:
20	10.32.106.72	10.32.200.43	07:34:30.476100	SMB	Trans2 Response, QUERY_PATH_INFO
21	10.32.200.43	10.32.106.72	07:34:30.476377	SMB	Trans2 Request, QUERY_FS_INFO, Query FS Attribute Info
22	10.32.106.72	10.32.200.43	07:34:30.477129	SMB	Trans2 Response, QUERY_FS_INFO
23	10.32.200.43	10.32.106.72	07:34:30.506991	SMB	Trans2 Request, FIND_FIRST2, Pattern: \a.txt
24	10.32.106.72	10.32.200.43	07:34:30.507788	SMB	Trans2 Response, FIND_FIRST2, Files: a.txt
25	10.32.200.43	10.32.106.72	07:34:30.509622	SMB	NT Create AndX Request, FID: 0x003f, Path:
26	10.32.106.72	10.32.200.43	07:34:30.510535	SMB	NT Create AndX Response, FID: 0x003f
27	10.32.200.43	10.32.106.72	07:34:30.510658	SMB	Trans2 Request, QUERY_FILE_INFO, FID: 0x003f, Query File Internal Info
28	10.32.106.72	10.32.200.43	07:34:30.511380	SMB	Trans2 Response, FID: 0x003f, QUERY_FILE_INFO
29	10.32.200.43	10.32.106.72	07:34:30.511889	SMB	Trans2 Request, QUERY_FILE_INFO, FID: 0x003f, Query File Standard Info
30	10.32.106.72	10.32.200.43	07:34:30.512609	SMB	Trans2 Response, FID: 0x003f, QUERY_FILE_INFO

图 1

- 早期 CIFS 协议的读写操作都是同步方式的。如图 2 所示，它只会在收到上一个读响应（Read AndX Response）之后，才发出下一个读请求（Read AndX Request）。这种方式的带宽利用率很低，因为很可能 TCP 发送窗口还没有用完，一个操作就完成了。CIFS 的设计人员当时可能没有考虑到网络带宽的快速发展。

No.	Source	Destination	Time	Protocol	Info
45	10.32.200.131	10.32.106.72	16:17:04.050981	SMB	Read AndX Request, FID: 0x016a, 61440 bytes at offset 0
130	10.32.106.72	10.32.200.131	16:17:04.055252	SMB	Read AndX Response, FID: 0x016a, 61440 bytes
132	10.32.200.131	10.32.106.72	16:17:04.055873	SMB	Read AndX Request, FID: 0x016a, 61440 bytes at offset 61440
217	10.32.106.72	10.32.200.131	16:17:04.060227	SMB	Read AndX Response, FID: 0x016a, 61440 bytes
219	10.32.200.131	10.32.106.72	16:17:04.061000	SMB	Read AndX Request, FID: 0x016a, 61440 bytes at offset 122880
304	10.32.106.72	10.32.200.131	16:17:04.065366	SMB	Read AndX Response, FID: 0x016a, 61440 bytes
306	10.32.200.131	10.32.106.72	16:17:04.065880	SMB	Read AndX Request, FID: 0x016a, 61440 bytes at offset 184320
391	10.32.106.72	10.32.200.131	16:17:04.070292	SMB	Read AndX Response, FID: 0x016a, 61440 bytes
393	10.32.200.131	10.32.106.72	16:17:04.070750	SMB	Read AndX Request, FID: 0x016a, 16384 bytes at offset 245760
416	10.32.106.72	10.32.200.131	16:17:04.072588	SMB	Read AndX Response, FID: 0x016a, 16384 bytes
418	10.32.200.131	10.32.106.72	16:17:04.072792	SMB	Read AndX Request, FID: 0x016a, 45056 bytes at offset 262144
479	10.32.106.72	10.32.200.131	16:17:04.076278	SMB	Read AndX Response, FID: 0x016a, 45056 bytes
481	10.32.200.131	10.32.106.72	16:17:04.076725	SMB	Read AndX Request, FID: 0x016a, 61440 bytes at offset 307200
566	10.32.106.72	10.32.200.131	16:17:04.081086	SMB	Read AndX Response, FID: 0x016a, 61440 bytes

图 2

早期的 NFS 上就没有这个问题，如图 3 所示，多个读请求被一起发出去了（也可以说是异步的）。

No.	Source	Destination	Time	Protocol	Info
13	10.32.106.159	10.32.106.62	15.402581	NFS	V3 READ Call (Reply In 292), FH:0x531352e1 Offset:0 Len:
14	10.32.106.159	10.32.106.62	15.402600	NFS	V3 READ Call (Reply In 152), FH:0x531352e1 Offset:131072
152	10.32.106.62	10.32.106.159	15.414443	NFS	V3 READ Reply (Call In 14) Len:131072
292	10.32.106.62	10.32.106.159	15.425442	NFS	V3 READ Reply (Call In 13) Len:131072
294	10.32.106.159	10.32.106.62	15.483389	NFS	V3 READ Call (Reply In 446), FH:0x531352e1 Offset:262144
295	10.32.106.159	10.32.106.62	15.483413	NFS	V3 READ Call (Reply In 548), FH:0x531352e1 Offset:393216
446	10.32.106.62	10.32.106.159	15.495391	NFS	V3 READ Reply (Call In 294) Len:131072
548	10.32.106.62	10.32.106.159	15.503637	NFS	V3 READ Reply (Call In 295) Len:98076

图 3

幸好 CIFS 很快就向 NFS 学习，等到 Windows 7 出来的时候，这两个问题都解决了。当然早期的 NFS 协议也有落后的地方，比如对文件属性的管理过于简单。但到了 NFSv4 面世的时候，也已经和 CIFS 趋同了。这些江湖暗斗只有专业人士才能感觉到。

竞争往往能激发意想不到的创造力，这两个协议的新特性就是如此产生的。无论是早期的 CIFS 还是 NFS，每个操作都是在各自的网络包中完成的。即便不太罗嗦的 NFS 协议在读一个文件之前，也需要通过 READDIRPLUS 操作获得其 File Handle（FH），再通过 GETATTR 操作获得该 File Handle 的属性，最后通过 ACCESS 和 READ 操作打开文件。图 4 显示了 READ 之前的三个操作至少花费了三个 RTT（往返时间）。

No.	Source	Destination	Time	Protocol	Info
5	10.32.106.159	10.32.106.62	10.130608	NFS	V3 READDIRPLUS Call (Reply In 6), FH: 0x2cc9be18
6	10.32.106.62	10.32.106.159	10.131284	NFS	V3 READDIRPLUS Reply (Call In 5) . .. lost+found .etc abc.txt
8	10.32.106.159	10.32.106.62	15.401345	NFS	V3 GETATTR Call (Reply In 9), FH: 0x531352e1
9	10.32.106.62	10.32.106.159	15.401942	NFS	V3 GETATTR Reply (Call In 8) Regular File mode: 0644 uid: 0 g
11	10.32.106.159	10.32.106.62	15.401986	NFS	V3 ACCESS Call (Reply In 12), FH: 0x531352e1, [Check: RD MD XT
12	10.32.106.62	10.32.106.159	15.402442	NFS	V3 ACCESS Reply (Call In 11), [Allowed: RD MD XT XE]
13	10.32.106.159	10.32.106.62	15.402581	NFS	V3 READ Call (Reply In 292), FH: 0x531352e1 Offset: 0 Len: 131
14	10.32.106.159	10.32.106.62	15.402600	NFS	V3 READ Call (Reply In 152), FH: 0x531352e1 Offset: 131072 Len

图 4

相比起 CIFS，这已经可以算是极简主义了。不过 NFSv4 中又提出了一个全新的理念，称为“COMPUND CALL”（复合请求）。客户端可以把多个请求放在一个包中发给服务器，然后服务器也在一个包中集中回复，这样就能在一个往返时间里完成多项操作了。

道理听起来似乎很简单，但真正做起来并不容易。以图 4 中的 READDIRPLUS + GETATTR + ACCESS + READ 为例，如果用 COMPUND 方式，发送方在没有收到 READDIRPLUS 回复之前，怎么知道 GETATTR 操作应该指定什么 File Handle 呢？NFSv4 用了类似编程时用到的“变量”思维来实现，首先是 READDIRPLUS 操作所得到的 File Handle 被作为变量传给 GETATTR 请求；接着 GETATTR 操作得到的文件属性又传给 ACCESS 和 READ。变量的传递完全发生在服务器端，所以客户端不需要参与，也就没有来回发包的需要。

图 5 是一个包含了 7 个操作请求的 NFSv4 包，COMPUND 方式对效率的提高幅度由此可见一斑。我认为这个思路值得很多应用层协议参考。

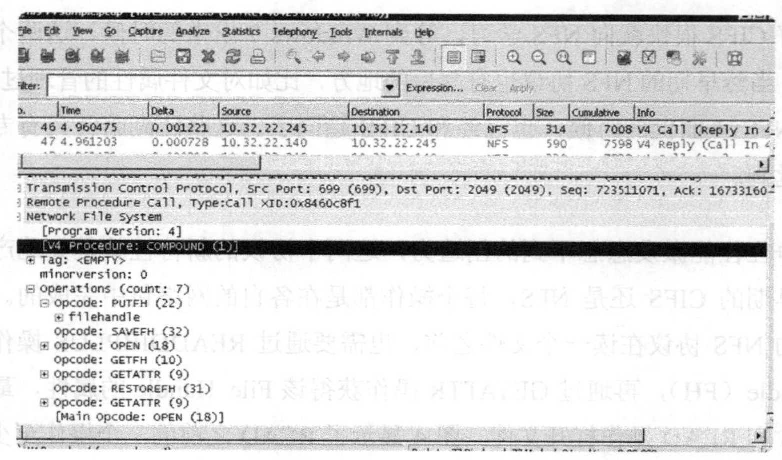

图 5

说完 NFS 的最新进展，我们再回头看看 CIFS 已经发展成什么样了。虽说现在的微软已经没有当年风光了，但是在对 CIFS 协议的改进上，绝对称得上亮丽的一笔，在我看来已经远远把 NFS 抛到脑后了。在 Windows 8 和 Windows 2012 所支持的最新 CIFS 版本 SMB3 上，出现了很多适应当前需求的革命性创新。

不知道你是否记得《剖析 CIFS 协议》一文中提到的“常见问题 3”及其答案？当我通过 CIFS 复制 abc.txt，然后粘贴到同一目录生成 abc-Copy.txt 时，网络包如图 6 所示。

```
 90 10.32.200.43   10.32.106.77   15:23:58.633530  SMB2  Read Request Len:16152 Off:0 File: nmfs1\abc.txt
107 10.32.106.77   10.32.200.43   15:23:58.638887  SMB2  Read Response
109 10.32.200.43   10.32.106.77   15:23:58.639020  SMB2  Write Request Len:16152 Off:0 File: nmfs1\abc - Copy.txt
116 10.32.106.77   10.32.200.43   15:23:58.640596  SMB2  Write Response
117 10.32.200.43   10.32.106.77   15:23:58.640827  SMB2  SetInfo Request FILE_INFO/SMB2_FILE_BASIC_INFO File: nmfs1\abc - Copy.txt
```

图 6

这说明复制粘贴过程实际是这样的。

1．客户端发送读请求给服务器。

2．服务器把文件内容回复给客户端（这些文件内容被暂时存在客户端内存中）。

3．客户端把内存中的文件内容写到服务器上的新文件 abc-Copy.txt 中。

4．服务器确认写操作完成。

在这个过程中，文件内容通过第 2 步和第 3 步在网络上来回跑了两次，是很浪费带宽资源的。为此 SMB3 设计了一个叫“Offload Data Transfer”的功能，能够把过程变成这样。

1．客户端向服务器发送复制请求。

2．服务器给了客户端一张 token。

3．客户端利用这张 token 给服务器发写请求。

4．服务器按要求写新文件。

5．服务器告诉客户端复制已经完成。

图 7 显示了这两种复制方式的差别，实心箭头表示文件内容的流向。

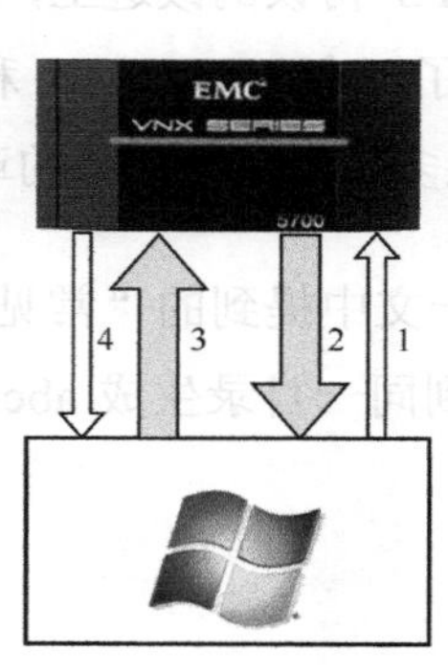

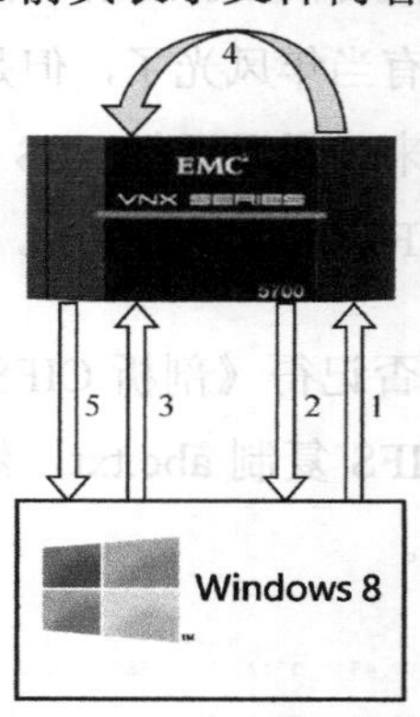

图 7

可见在 SMB3 的复制过程中，我们只是在网络上传输了一些指令，而文件内容并没有出现在网络上，因为复制数据完全由服务器自己完成了。假如是复制一个大文件，那对性能的提升幅度是非常可观的，你甚至可以在数秒钟里复制几个 GB 的数据，远超网络的瓶颈。在虚拟化的应用场合中，通过这个机制克隆一台虚拟机也可以变得很快。

SMB3 的另一个破天荒改进是在 CIFS 层实现了负载均衡。与其他 CIFS 版本不同，一个 SMB3 Session 可以基于多个 TCP 连接。如图 8 所示，Windows 8 服务器上的两个网卡，可以分别和文件服务器上的两个网卡建立 TCP 连接，然后一个 SMB3 Session 就基于这两个连接之上。当其中一个 TCP 连接出现故障，比如网卡坏掉时，SMB3 连接还可以继续存在。

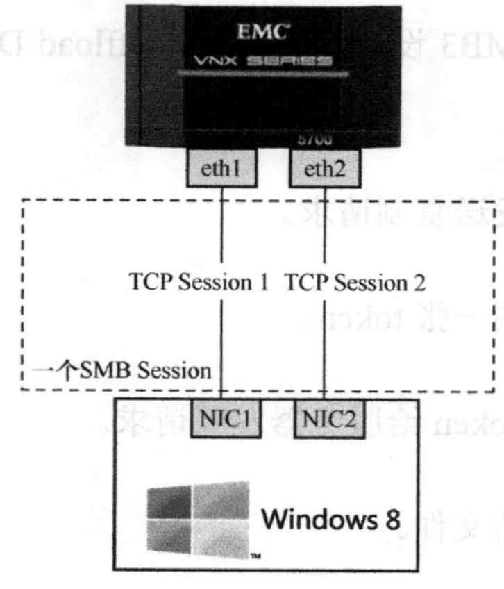

图 8

考虑到现在全球化的大公司越来越多，有了很多总部和分部，所以远距离的文件传输就成了大问题。比如说，中国总部的机房中存在一个大文件，从澳大利亚分部访问该文件是非常慢的。尤其是当分部中有很多用户需要访问同一个文件时，相同的内容就需要在有限的带宽中传输多次。SMB3 提出了一个叫 BranchCache 的机制来解决这个问题。当澳大利亚分部的第一个用户访问该文件时，文件从中国传输过去，然后就被缓存起来（比如存到分部的专用服务器上）。接下来澳大利亚分部如果有其他用户访问该文件，就可以通过文件签名从缓存服务器上找到了。

这个机制听上去有点“脑洞大开”的意思，不过我在实验室中实施过这个功能，用户体验还是非常好的，当然也增加了实施和购买专用服务器的开支。

最后不得不提的是 SMB3 的一个“Continuous Availability”特性。以前很多厂商的文件服务器号称支持 Active/Standby（当前待机）模式，即文件服务器的两个机头共享硬盘，当一个机头宕机时，能即时切换到待机的机头上。“即时”这个词实际上是有虚假宣传嫌疑的，因为 SMB3 之前的 CIFS 版本把文件锁之类的信息放在机头的内存中，新的机头起来时无法获得这些信息，所以是没办法无缝地提供访问的，必须让客户端重新访问一次。

SMB3 对此的解决方案是把文件锁之类的信息存到硬盘上，所以新机头起来时便可以获得这些信息，这样，提供无缝服务就成了一种可能。为了方便理解，我也做了一个示意图，如图 9 所示。

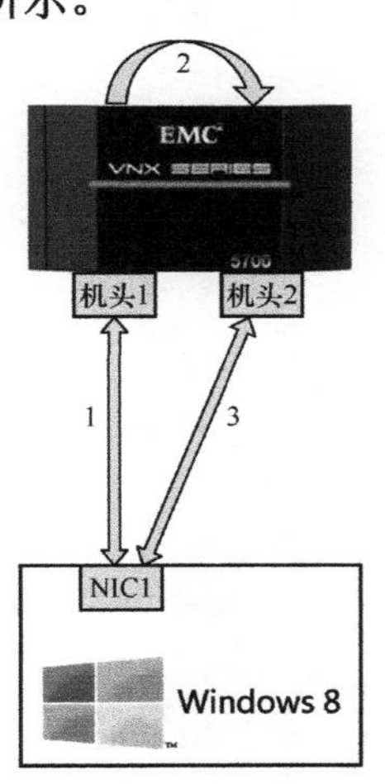

图 9

1. Windows 8 客户端通过机头 1 访问文件，生成的文件锁等信息被保存在硬盘中。

2. 机头 1 发生故障，切换到机头 2 上，机头 2 从硬盘中获取信息。

3. Windows 8 仍然能锁定该文件，因为机头 2 继承了机头 1 的信息。

DNS 小科普

有一些技术，人们即便每天都在使用，也未必能意识到它的存在。

DNS 就是这样一种技术。当我在浏览器上输入一个域名时，比如 www.example.com，其实不是根据该域名直接找到服务器，而是先用 DNS 解析成 IP 地址，再通过 IP 地址找到服务器。有时候甚至不用输入任何域名，也会在不知不觉间用到 DNS。比如打开公司电脑，用域账号登录操作系统，就是依靠 DNS 找到 Domain Controller 来验证身份。毫不夸张地说，如果有一天突然失去 DNS，世界会立即陷入混乱。

我家里的笔记本 IP 为 192.168.1.101，DNS 服务器 IP 为 106.186.28.239。如果在打开 www.example.com 的过程中抓了包，就能看到图 1 所示的解析过程。

No.	Source	Destination	Time	Protocol	Info
3	192.168.1.101	106.186.28.239	18:50:08.251806	DNS	Standard query A www.example.com
4	106.186.28.239	192.168.1.101	18:50:08.508236	DNS	Standard query response A 93.184.216.119

图 1

笔记本：“请问 www.example.com 的 A 记录是什么？”

服务器：“是 93.184.216.119。”

获得 IP 之后，笔记本就可以和 93.184.216.119 建立 HTTP 连接了。这个例子中提到的 A（Address）记录，指的是从域名解析到 IP 地址。如果你经常处理 DNS 包，还会看到不少其他类型的记录。

- **PTR 记录**：与 A 记录的功能相反，它能从 IP 地址解析到域名。PTR 有什么作用呢？比如 IT 部门发现最近公司里的机器 10.32.106.47 和 YouTube 之间数据流量很大，用 nslookup 一查 PTR 记录就知道原来是阿满在上班时间偷看视频了（见图 2）。

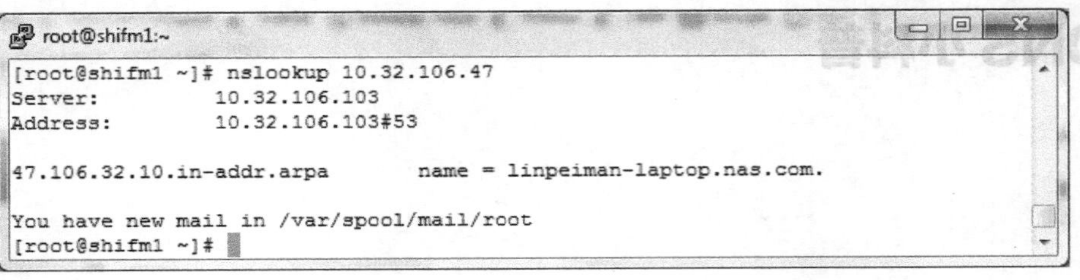

图 2

网络包显示如下（见图 3）：

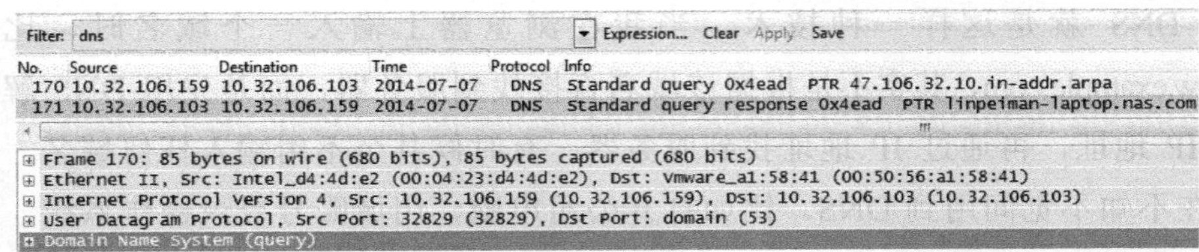

图 3

- **SRV 记录**：Windows 的域管理员要特别关心 SRV 记录，因为它指向域里的资源。比如我想知道我们公司的域 nas.com 里有哪些 DC，只要随便在一台电脑上查询_ldap._tcp.dc._msdcs.nas.com 这个 SRV 记录就可以了。如果你也想查贵司的 DC，请把 nas.com 改成正确域名即可。图 4 是查询过程的截图。

```
Command Prompt - nslookup
C:\>nslookup
Default Server:  dc1.nas.com
Address:  10.32.106.103

> set type=SRV
> _ldap._tcp.dc._msdcs.nas.com
Server:  dc1.nas.com
Address:  10.32.106.103

_ldap._tcp.dc._msdcs.nas.com    SRV service location:
          priority       = 0
          weight         = 100
          port           = 389
          svr hostname   = dc1.nas.com
_ldap._tcp.dc._msdcs.nas.com    SRV service location:
          priority       = 0
          weight         = 100
          port           = 389
          svr hostname   = dc2.nas.com
_ldap._tcp.dc._msdcs.nas.com    SRV service location:
          priority       = 0
          weight         = 100
          port           = 389
          svr hostname   = enc-3xjfh5sygog.nas.com
dc1.nas.com     internet address = 10.32.106.103
dc1.nas.com     internet address = 10.10.10.103
dc2.nas.com     internet address = 10.32.106.113
dc2.nas.com     internet address = 10.10.10.113
> exit_
```

图 4

网络包显示如下（见图5）：

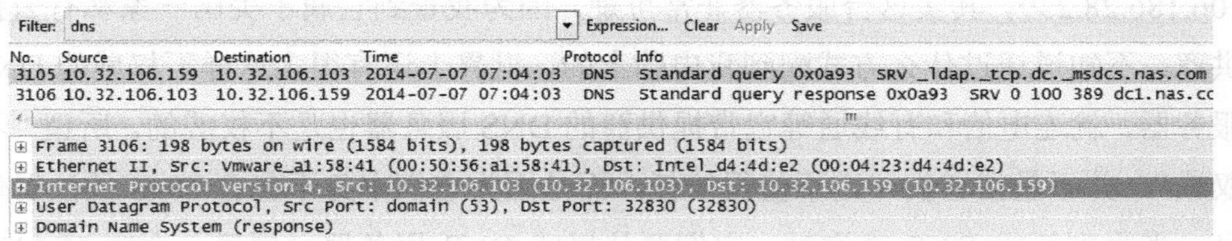

图5

- **CNAME 记录**：又称为 Alias 记录，就是别名的意思。比如我的服务器 10.32.106.73 同时提供网页（www）、邮件（mail）和地图（map）服务。图6是该服务器在 DNS 中的配置，其中 www 的 A 记录指向了 10.32.106.73，还有两个别名记录 mail 和 map 指向了 www。客户端访问这 3 个域名时，都会被定向到 10.32.106.73 上面。

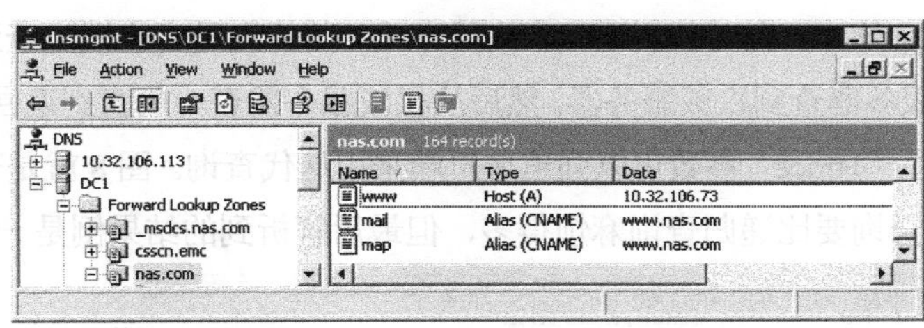

图6

别名是如何起作用的呢？当客户端查询 mail.nas.com 或者 map.nas.com 时，DNS 服务器通过 www.nas.com 找到 10.32.106.73，然后把结果返回给客户端。图7是访问 mail.nas.com 时抓的包。

No. Source Destination Time Protocol Info
1 10.32.106.159 10.32.106.103 15:18:49 DNS Standard query A mail.nas.com
2 10.32.106.103 10.32.106.159 15:18:49 DNS Standard query response CNAME www.nas.com A 10.32.106.73

图7

那直接把 10.32.106.73 配给 mail 和 map 可以吗？当然是可以的，但如果某天要改变这个 IP 地址，就不得不在 DNS 上修改 www、mail 和 map 这 3 项记录了。而在使用别名的情况下，只要修改 www 一项的 IP 就行了，mail 和 map 都没有必要改动。别名的使用节省了管理时间，站长们应该会喜欢这个功能。

了解完 DNS 的基本功能之后，我们再来看看它的工作方式。

刚才说到我的笔记本在解析 www.example.com 时用到了 DNS 服务器 106.186.28.239。其实这台服务器非常可疑，因为我查到它属于美国一家私有云提供商，不知道通过什么方式配到我电脑上的。世界上还有很多这样不权威的 DNS 服务器，就连电信和有线通等宽带提供商的 DNS 服务器也是不权威的。所谓“不权威”，并不是指它们一定不值得信任，而是因为它们本身不包含 DNS 的注册信息。当收到新的 DNS 查询时，它们要从权威 DNS 服务器（属于一个叫 ICANN 的非营利性组织）那里查到结果，然后再返回给客户端。

从本文的第一个抓包中，我们只知道不权威 DNS 服务器成功解析了 www.example.com，却不知道它是怎么做到的。有可能是它收到我的请求之后，悄悄地查询了权威 DNS 服务器，然后告诉我答案。这种工作方式称为递归查询，其特点是客户端（我的笔记本）完全依赖服务器（那台可疑的 DNS 服务器）直接返回结果。

除了递归之外，还有一种叫迭代查询的方式，其特点是客户端先查到根服务器的地址，再从根服务器查到权威服务器，然后从权威服务器查……直到返回想要的结果。用 dig 命令加上“+trace”参数可以强迫客户端采用迭代查询。图 8 就是查询的整个过程。可见迭代查询要比递归查询麻烦得多，但最后解析到的结果倒是一致的。

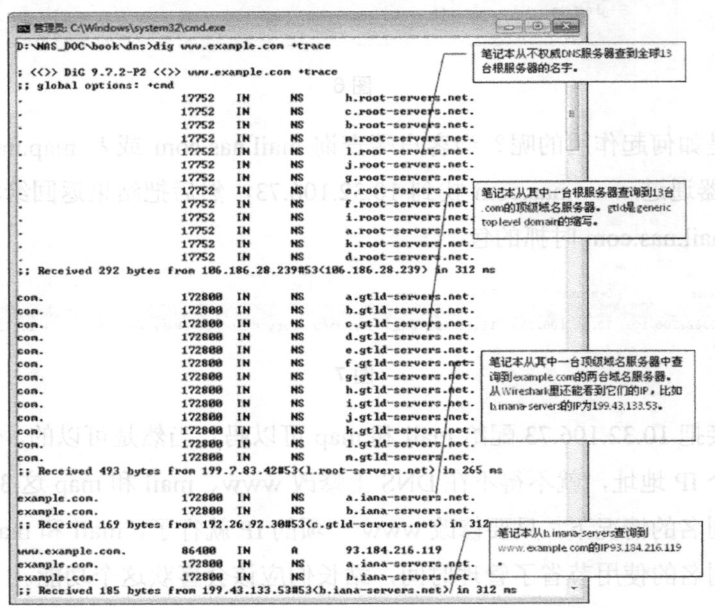

图 8

这个迭代查询的网络包如图 9 所示。从中可以看到笔记本 192.168.1.101 发出了 7 个查询，才得到最终的结果。

No.	Source	Destination	Time	Protocol	Info
1	192.168.1.101	106.186.28.239	19:49:09	DNS	Standard query NS <Root>
2	106.186.28.239	192.168.1.101	19:49:10	DNS	Standard query response NS h.root-servers.net NS c.root-servers.net NS b.root
3	192.168.1.101	106.186.28.239	19:49:10	DNS	Standard query A l.root-servers.net
4	106.186.28.239	192.168.1.101	19:49:10	DNS	Standard query response A 199.7.83.42
5	192.168.1.101	199.7.83.42	19:49:10	DNS	Standard query A www.example.com
6	199.7.83.42	192.168.1.101	19:49:10	DNS	Standard query response
7	192.168.1.101	106.186.28.239	19:49:10	DNS	Standard query A c.gtld-servers.net
8	106.186.28.239	192.168.1.101	19:49:11	DNS	Standard query response A 192.26.92.30
9	192.168.1.101	192.26.92.30	19:49:11	DNS	Standard query A www.example.com
10	192.26.92.30	192.168.1.101	19:49:11	DNS	Standard query response
11	192.168.1.101	106.186.28.239	19:49:11	DNS	Standard query A b.iana-servers.net
12	106.186.28.239	192.168.1.101	19:49:12	DNS	Standard query response A 199.43.133.53
13	192.168.1.101	199.43.133.53	19:49:12	DNS	Standard query A www.example.com
14	199.43.133.53	192.168.1.101	19:49:12	DNS	Standard query response A 93.184.216.119

图 9

如果这两个抓包还不足以说明递归和迭代的差别，我们可以用生活中的例子来类比。

- **递归查询**：老板给我发个短信："阿满，附近哪个川菜馆最正宗？"我屁颠屁颠地去问我的吃货朋友二胖，二胖又问了他的女友川妹子；川妹子把答案告诉二胖，二胖再告诉我，最后我装作很专业的样子回复了老板。这个过程对老板来说就是递归查询。

- **迭代查询**：老板说："阿满，推荐一下附近的洗脚店呗？"我立即严辞拒绝："这个我不知道，不过你可以问问公关部的张总。"老板去找到张总，又被指引到销售部的小李，最终从小李那里问到了。这个过程就是迭代查询，因为是老板自己一步一步地查到答案。

说完 DNS 的工作方式，我们再来认识它的一个很有用的特性。我的 DNS 中有两个叫"Isilon-Cluster"的同名 A 记录，分别对应着 IP 地址 10.32.106.51 和 10.32.106.52。当我连续执行两次"nslookup Isilon-Cluster.nas.com"时，抓到的网络包如图 10 所示。

No.	Source	Destination	Time	Protocol	Info
1	10.32.106.159	10.32.106.103	15:12:55	DNS	Standard query A Isilon-Cluster.nas.com
2	10.32.106.103	10.32.106.159	15:12:55	DNS	Standard query response A 10.32.106.52 A 10.32.106.51
3	10.32.106.159	10.32.106.103	15:13:03	DNS	Standard query A Isilon-Cluster.nas.com
4	10.32.106.103	10.32.106.159	15:13:03	DNS	Standard query response A 10.32.106.51 A 10.32.106.52

图 10

可见两次返回的 IP 地址是一样的，但顺序却是相反的。如果我执行第三次

nslookup，结果又会跟第一次一样，这就是 DNS 的循环工作（round-robin）模式。这个特性可以广泛应用于负载均衡。比如某个网站有 10 台 Web 服务器，管理员就可以在 DNS 里创建 10 个同名记录指向这些服务器的 IP。由于不同客户端查到的结果顺序不同，而且一般会选用结果中的第一个 IP，所以大量客户端就会被均衡地分配到 10 台 Web 服务器上。随着分布式系统的流行，这个特性的应用场景将会越来越多，比如本例中的分布式存储设备 Isilon。

说了这么多 DNS 的好话，那它有没有缺点呢？当然有，而且还不少。

- 就像雕牌洗衣粉被周佳牌模仿一样，DNS 上也存在山寨域名。比如招商银行的域名是 www.cmbchina.com，但是 www.cmbchina.com.cn 和 www.cmbchina.cn 却不一定属于招行。如果这两个域名被指向外表和招行一样的钓鱼网站，就可能会骗到部分用户的银行账号和密码。

- 如果 DNS 服务器被恶意修改也是很危险的事情。比如登录招行网站时虽然用了正确域名 www.cmbchina.com，但由于 DNS 服务器是黑客控制的，很可能解析到一个钓鱼网站的 IP。

- 即便是配了正规的 DNS 服务器，也是有可能中招的。比如正规的 DNS 服务器遭遇缓冲投毒之后，也会变得不可信。

- DNS 除了能用来欺骗，还能当做攻击性武器。著名的 DNS 放大攻击就很让人头疼。下面是我在执行“dig ANY isc.org”（解析 isc.org 的所有信息）时抓的包，可见 6 号包发出去的请求只有 25 字节（见图 11 底部的 Length: 25），而 11 号包收到的回复却能达到 3111 字节（见图 12 底部的 Length 3111），竟然放大了 124 倍。

```
No.  Source          Destination     Time      Protocol Info
   6 192.168.1.101   106.186.28.239  18:20:05  DNS      Standard query ANY isc.org
  11 106.186.28.239  192.168.1.101   18:20:05  DNS      Standard query response RRSIG SPF RRSIG

⊞ Frame 6: 81 bytes on wire (648 bits), 81 bytes captured (648 bits)
⊞ Ethernet II, Src: d0:df:9a:cf:88:30 (d0:df:9a:cf:88:30), Dst: 5c:63:bf:71:1c:4c (5c:63:b
⊞ Internet Protocol, Src: 192.168.1.101 (192.168.1.101), Dst: 106.186.28.239 (106.186.28.2
⊞ Transmission Control Protocol, Src Port: 56344 (56344), Dst Port: domain (53), Seq: 1, A
⊟ Domain Name System (query)
    [Response In: 11]
    Length: 25
```

图 11

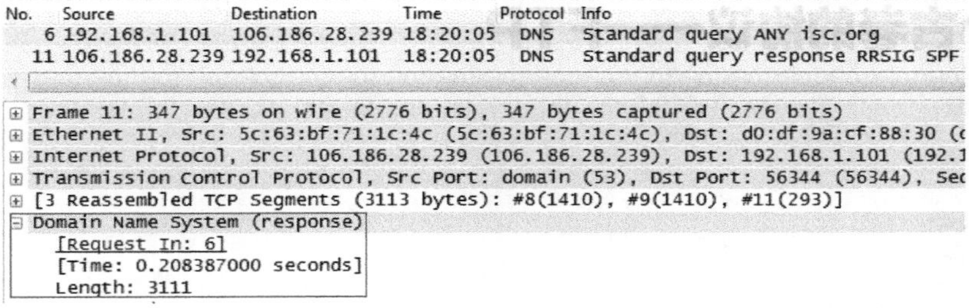

```
No.  Source          Destination     Time      Protocol  Info
   6 192.168.1.101   106.186.28.239  18:20:05  DNS       Standard query ANY isc.org
  11 106.186.28.239  192.168.1.101   18:20:05  DNS       Standard query response RRSIG SPF

⊞ Frame 11: 347 bytes on wire (2776 bits), 347 bytes captured (2776 bits)
⊞ Ethernet II, Src: 5c:63:bf:71:1c:4c (5c:63:bf:71:1c:4c), Dst: d0:df:9a:cf:88:30 (c
⊞ Internet Protocol, Src: 106.186.28.239 (106.186.28.239), Dst: 192.168.1.101 (192.1
⊞ Transmission Control Protocol, Src Port: domain (53), Dst Port: 56344 (56344), Sec
⊞ [3 Reassembled TCP Segments (3113 bytes): #8(1410), #9(1410), #11(293)]
⊟ Domain Name System (response)
    [Request In: 6]
    [Time: 0.208387000 seconds]
    Length: 3111
```

图 12

假如在 6 号包里伪造一个想要攻击的源地址，那该地址就会莫名收到 DNS 服务器 3111 字节的回复。利用这个放大效应，黑客只要控制少量电脑就能把一个大网站拖垮了。

一个古老的协议——FTP

你也许难以想象，FTP 协议在 1971 年就出现了。在那时，现代的网络模型还没有形成，所以 FTP 完全称得上网络界的活化石。

它的发明人也很有意思，是印度工程师 Abhay Bhushan。要知道早期的网络协议起草者几乎是清一色的欧美工程师，Bhushan 能够占得一席之地绝对称得上传奇。虽然看起来文质彬彬，但实际上 Bhushan 热爱运动，尤其擅长马拉松和铁人三项（我印象中计算机科学之父 Alan Turing 也是位长跑健将）。

一个古老的协议能有如此活力，一定是有深层原因的。FTP 的过人之处，就在于它用最简单的方式实现了文件的传输——客户端只需要输入用户名和密码，就可以和服务器互传文件了；有的甚至连用户名和密码都不用（匿名 FTP）。FTP 常被用来传播文件，尤其是免费软件；另一个广泛应用是采集日志，我们可以让服务器发生故障之后，自动通过 FTP 把日志传回厂商。这些场合之所以适合 FTP 而不是 NFS 或者 CIFS，就是因为它实现起来更加简单。

一个软件使用起来简单，并不意味着它的底层设计也很简单。如果你抓了一个 FTP 的网络包，乍一看会觉得非常复杂，尤其是在端口号的管理上。在我的实验室中，我从 Windows 客户端登录了一次 FTP 服务器，然后下载了一个叫 linpeiman.txt 的文件。我们先来看看登录的过程（见图 1）。

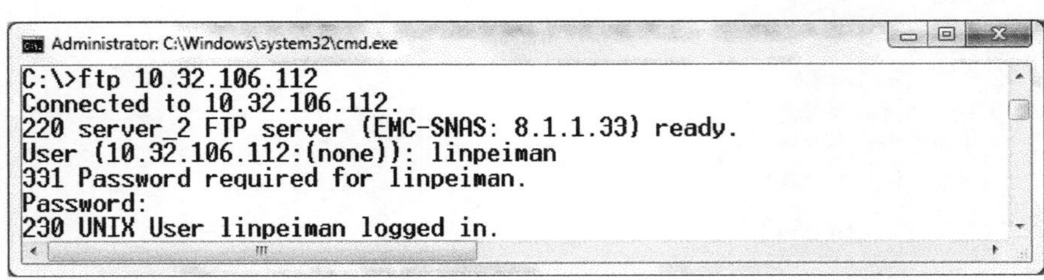

图 1

接下来看看登录过程的网络包，前三个包无需解析（见图2），就是由客户端发起的三次握手。唯一值得记住的是FTP服务器的控制端口21。

No.	Source	Destination	Time	Protocol	Info
1	10.32.200.41	10.32.106.112	2014-06-12 10:00:40	TCP	53431 > ftp [SYN] Seq=0 Win=8192 Len=0 MSS=1428
2	10.32.106.112	10.32.200.41	2014-06-12 10:00:40	TCP	ftp > 53431 [SYN, ACK] Seq=0 Ack=1 Win=65535 Le
3	10.32.200.41	10.32.106.112	2014-06-12 10:00:40	TCP	53431 > ftp [ACK] Seq=1 Ack=1 Win=8192 Len=0

```
⊞ Frame 1: 66 bytes on wire (528 bits), 66 bytes captured (528 bits)
⊞ Ethernet II, Src: Dell_68:80:28 (5c:26:0a:68:80:28), Dst: Cisco_e3:a6:80 (ec:30:91:e3:a6:80)
⊞ Internet Protocol Version 4, Src: 10.32.200.41 (10.32.200.41), Dst: 10.32.106.112 (10.32.106.112)
⊞ Transmission Control Protocol, Src Port: 53431 (53431), Dst Port: ftp (21), Seq: 0, Len: 0
```

图2

现在来分析5、7、8、10、11号包的过程（见图3）。

No.	Source	Destination	Time	Protocol	Info
5	10.32.106.112	10.32.200.41	2014-06-12 10:00:40	FTP	Response: 220 server_2 FTP server (EMC-SNAS: 8.1.1.33) ready
7	10.32.200.41	10.32.106.112	2014-06-12 10:00:42	FTP	Request: USER linpeiman
8	10.32.106.112	10.32.200.41	2014-06-12 10:00:42	FTP	Response: 331 Password required for linpeiman.
10	10.32.200.41	10.32.106.112	2014-06-12 10:00:45	FTP	Request: PASS 123456
11	10.32.106.112	10.32.200.41	2014-06-12 10:00:45	FTP	Response: 230 UNIX user linpeiman logged in.

图3

5号包：

服务器："我准备好接受访问啦，顺便说一下我是一台EMC公司的存储，版本号8.1.1.33。"

7号包：

客户端："我想以用户名linpeiman登录。"

8号包：

服务器："那你把linpeiman的密码告诉我。"

10号包：

客户端："密码是123456。"

11号包：

服务器："密码正确，linpeiman登录成功。"

从以上分析可见，FTP 是用明文传输的，连我的密码 123456 都可以被 Wireshark 解析出来。如果对安全的要求非常高，就不能采用这种方式。接下来再看下载文件的过程（见图 4）。

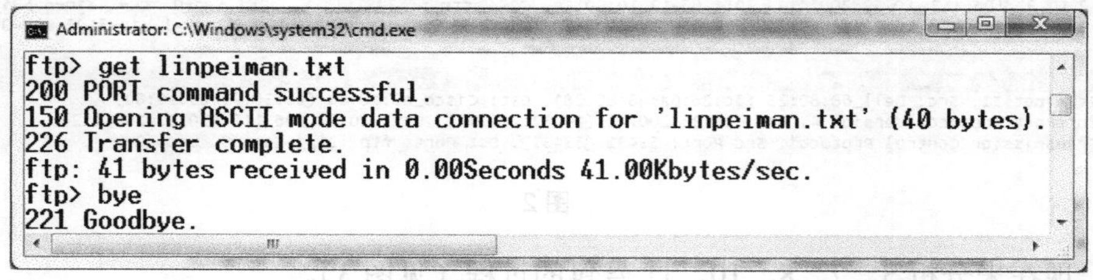

Administrator: C:\Windows\system32\cmd.exe

```
ftp> get linpeiman.txt
200 PORT command successful.
150 Opening ASCII mode data connection for 'linpeiman.txt' (40 bytes).
226 Transfer complete.
ftp: 41 bytes received in 0.00Seconds 41.00Kbytes/sec.
ftp> bye
221 Goodbye.
```

图 4

现在分析下载过程的网络包（见图 5）。

No.	Source	Destination	Time	Protocol	Info
13	10.32.200.41	10.32.106.112	2014-06-12 10:00:51	FTP	Request: PORT 10,32,200,41,208,185
14	10.32.106.112	10.32.200.41	2014-06-12 10:00:51	FTP	Response: 200 PORT command successful.
15	10.32.200.41	10.32.106.112	2014-06-12 10:00:51	FTP	Request: RETR linpeiman.txt
22	10.32.106.112	10.32.200.41	2014-06-12 10:00:51	FTP	Response: 150 Opening ASCII mode data connection for 'linpeiman.txt'

图 5

13 号包：

客户端：“我想从 IP=10.32.200.41，端口为 208×256+185=53433 连接你的数据端口（公式中的 256 为约定好的常数）。”

14 号包：

服务器：“可以的，我同意了。”

15 号包：

客户端：“那我想下载文件 linpeiman.txt。”

22 号包：

服务器：“给你传了。”

上面这些包并没有真正传输文件内容，我们接着看（见图 6）。

No.	Source	Destination	Time	Protocol	Info
16	10.32.106.112	10.32.200.41	2014-06-12 10:00:51	TCP	ftp-data > 53433 [SYN] Seq=0 Win=65535 Len=0
17	10.32.200.41	10.32.106.112	2014-06-12 10:00:51	TCP	53433 > ftp-data [SYN, ACK] Seq=0 Ack=1 Win=8
18	10.32.106.112	10.32.200.41	2014-06-12 10:00:51	TCP	ftp-data > 53433 [ACK] Seq=1 Ack=1 Win=65536
19	10.32.106.112	10.32.200.41	2014-06-12 10:00:51	FTP-DATA	FTP Data: 41 bytes
20	10.32.106.112	10.32.200.41	2014-06-12 10:00:51	TCP	ftp-data > 53433 [FIN, ACK] Seq=42 Ack=1 Win=
21	10.32.200.41	10.32.106.112	2014-06-12 10:00:51	TCP	53433 > ftp-data [ACK] Seq=1 Ack=43 Win=66304
23	10.32.200.41	10.32.106.112	2014-06-12 10:00:51	TCP	53433 > ftp-data [FIN, ACK] Seq=1 Ack=43 Win=
24	10.32.106.112	10.32.200.41	2014-06-12 10:00:51	TCP	ftp-data > 53433 [ACK] Seq=43 Ack=2 Win=65536

```
⊞ Frame 19: 107 bytes on wire (856 bits), 107 bytes captured (856 bits)
⊞ Ethernet II, Src: Cisco_e3:a6:80 (ec:30:91:e3:a6:80), Dst: Dell_68:80:28 (5c:26:0a:68:80:28)
⊞ Internet Protocol Version 4, Src: 10.32.106.112 (10.32.106.112), Dst: 10.32.200.41 (10.32.200.41)
⊞ Transmission Control Protocol, Src Port: ftp-data (20), Dst Port: 53433 (53433), Seq: 1, Ack: 1, Len: 41
  FTP Data (Life is tough. Wireshark makes it easy.\r\n)
```

图 6

16、17、18 号包也是三次握手，不过这次发起者是 FTP 服务器。服务器的端口号采用了 20，客户端的端口则为之前协商好的 53433。

19 号包：

服务器："给你文件内容（文件内容"Life is tough. Wireshark makes it easy."可见于图 6 中的底部）。"

20、21、23、24 号包为四次挥手过程，表示数据传输结束，TCP 连接关闭了。

从以上分析可见，客户端连接 FTP 服务器的 21 端口仅仅是为了传输控制信息，我们称之为"控制连接"。当需要传输数据时，就重新建立一个 TCP 连接，我们称之为"数据连接"。随着文件传输结束，这个数据连接就自动关闭了。不但在下载文件时如此，就连执行 ls 命令来列举文件时，也需要新建一个数据连接。在我看来这不是一种高效的方式，因为三次握手和四次挥手就用掉 7 个包，而 ls 命令的请求和响应往往只需要 2 个包，就像开着卡车去送快递一样不经济。图 7 显示了这个例子的两个连接情况。

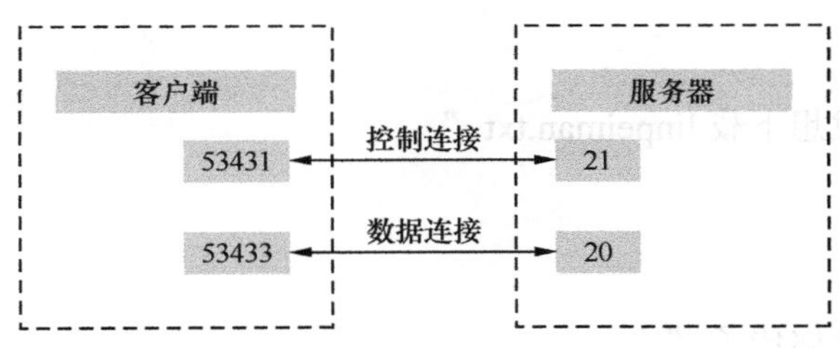

图 7

我花了很长时间来思考 Bhushan 先生为何把 FTP 的控制连接和数据连接分开

来，不过至今还是不能领悟。我唯一能想到的好处是连接分开后，就有机会在路由器上把控制连接的优先级提高，免得被数据传输影响了控制。举个例子，当文件下载到一半时我们突然反悔了，就可以 Abort（终止）这次下载。如果 Abort 请求是通过优先级较高的控制连接发送的，也许能完成得更加及时。当然我的猜测可能是错的，20 世纪 70 年代的路由器也许根本不支持优先级。

如果你为 FTP 配置过防火墙，还会发现这种方式带来了一个更加严重的问题——由于数据连接的三次握手是由服务器端主动发起的（我们称之为主动模式），如果客户端的防火墙阻挡了连接请求，传输不就失败了吗？碰到这种情况时，我建议你试一下 FTP 的被动模式。图 8 是在被动模式下抓到的包。由于被动模式的登录过程和主动模式一样，所以我们从登录后开始讲起。

No.	Source	Destination	Time	Protocol	Info
24	10.32.106.107	10.32.106.112	2014-06-12 15:58:28	FTP	Request: PASV
25	10.32.106.112	10.32.106.107	2014-06-12 15:58:28	FTP	Response: 227 Entering Passive Mode (10,32,106,112,240,217)
29	10.32.106.107	10.32.106.112	2014-06-12 15:58:28	FTP	Request: RETR linpeiman.txt
30	10.32.106.112	10.32.106.107	2014-06-12 15:58:28	FTP	Response: 150 Opening BINARY mode data connection for 'linpeiman.txt

图 8

24 号包：

客户端：“我想用被动模式传输数据。”

25 号包：

服务器：“你可以连接到 IP=10.32.106.112，端口号为 240×256+217=61657（公式中的 256 为约定好的常数）。”

29 号包：

客户端：“我想下载 linpeiman.txt。”

30 号包：

服务器：“给你传了。”

上面这些包并没有真正传输文件内容，我们接着看（见图 9）。

No.	Source	Destination	Time	Protocol	Info
26	10.32.106.107	10.32.106.112	2014-06-12 15:58:28	TCP	33001 > 61657 [SYN] Seq=0 Win=5840 Len=0 MSS=1460 SAC
27	10.32.106.112	10.32.106.107	2014-06-12 15:58:28	TCP	61657 > 33001 [SYN, ACK] Seq=0 Ack=1 Win=65535 Len=0
28	10.32.106.107	10.32.106.112	2014-06-12 15:58:28	TCP	33001 > 61657 [ACK] Seq=1 Ack=1 Win=5856 Len=0 TSval=
31	10.32.106.112	10.32.106.107	2014-06-12 15:58:28	FTP-DATA	FTP Data: 40 bytes
32	10.32.106.107	10.32.106.112	2014-06-12 15:58:28	TCP	33001 > 61657 [ACK] Seq=1 Ack=41 Win=5856 Len=0 TSval=
33	10.32.106.112	10.32.106.107	2014-06-12 15:58:28	TCP	61657 > 33001 [FIN, ACK] Seq=41 Ack=1 Win=65536 Len=0
34	10.32.106.107	10.32.106.112	2014-06-12 15:58:28	TCP	33001 > 61657 [FIN, ACK] Seq=1 Ack=42 Win=5856 Len=0
35	10.32.106.112	10.32.106.107	2014-06-12 15:58:28	TCP	61657 > 33001 [ACK] Seq=42 Ack=2 Win=65536 Len=0 TSva

```
Frame 31: 106 bytes on wire (848 bits), 106 bytes captured (848 bits)
Ethernet II, Src: Emc_27:10:58 (00:60:48:27:10:58), Dst: IntelCor_1f:02:1a (a0:36:9f:1f:02:1a)
Internet Protocol Version 4, Src: 10.32.106.112 (10.32.106.112), Dst: 10.32.106.107 (10.32.106.107)
Transmission Control Protocol, Src Port: 61657 (61657), Dst Port: 33001 (33001), Seq: 1, Ack: 1, Len: 40
FTP Data (Life is tough. Wireshark makes it easy.\n)
```

图 9

26、27、28 号包是数据连接的三次握手，可见这一次由客户端主动发起（所以对服务器来说是被动的），连接的服务器端口为之前协商好的 61557。

31、32、33、34、35 号包完成了文件内容的传输，然后关闭数据连接。同样从图 9 底部可以见到该文件的内容：Life is tough. Wireshark makes it easy.

最后我在 FTP 命令行中打了个“bye”命令（见图 10）。

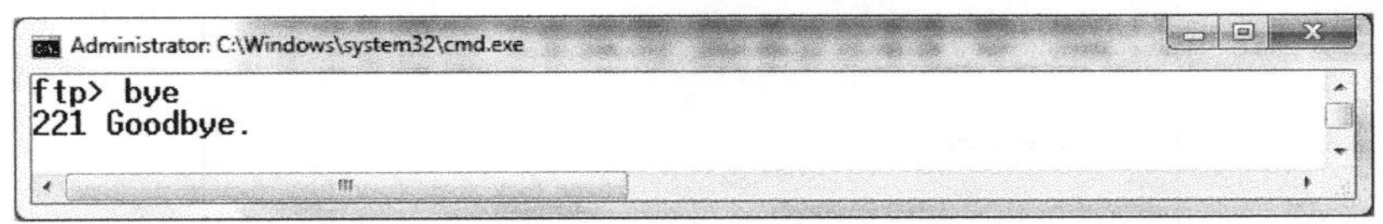

图 10

Goodbye 过程的网络包如图 11 所示。

No.	Source	Destination	Time	Protocol	Info
39	10.32.106.107	10.32.106.112	2014-06-12 15:58:29	FTP	Request: QUIT
40	10.32.106.112	10.32.106.107	2014-06-12 15:58:29	FTP	Response: 221 Goodbye.
41	10.32.106.112	10.32.106.107	2014-06-12 15:58:29	TCP	ftp > 36115 [FIN, ACK] Seq=442 Ack=107
42	10.32.106.107	10.32.106.112	2014-06-12 15:58:29	TCP	36115 > ftp [ACK] Seq=107 Ack=442 Win=
43	10.32.106.107	10.32.106.112	2014-06-12 15:58:29	TCP	36115 > ftp [FIN, ACK] Seq=107 Ack=443
44	10.32.106.112	10.32.106.107	2014-06-12 15:58:29	TCP	ftp > 36115 [ACK] Seq=443 Ack=108 Win=

图 11

39 号包：

客户端：“我要退出啦。”

40 号包：

服务器：“好的，Goodbye!”（FTP 是我所知道最讲礼仪的协议。）

41、42、43、44号包是四次挥手过程，断开控制连接，完成了一次FTP的生命周期。

你也许想问，那如何指定客户端采用主动还是被动模式呢？很多FTP客户端软件都有这个选项。比如图12是WinSCP上的截图，选中Passive mode即表示被动模式。

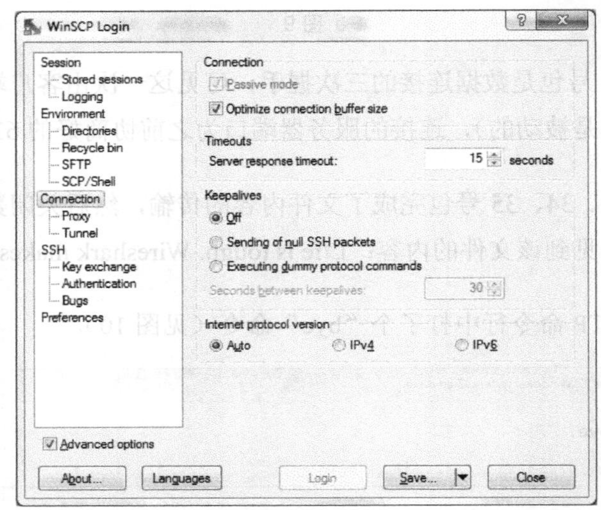

图12

理论上所有FTP客户端都应该支持这两种模式，但Windows自带的ftp命令似乎只支持主动模式。图13是我试图采用被动模式的命令。

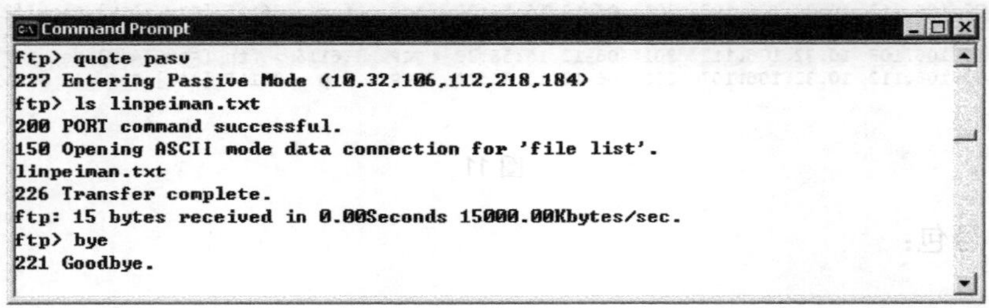

图13

从图13中看，当我输入“quote pasv”命令时，的确显示进入被动模式（Entering Passive Mode）。接下来我们看看图14的网络包。12号和13号包也的确显示进入被动模式，但是再接下来的网络包却完全是主动模式的样子。

No.	Source	Destination	Time	Protocol	Info
12	10.32.106.103	10.32.106.112	2014-06-16 15:51:43	FTP	Request: pasv
13	10.32.106.112	10.32.106.103	2014-06-16 15:51:43	FTP	Response: 227 Entering Passive Mode (10,32,106,112,218,184)
14	10.32.106.103	10.32.106.112	2014-06-16 15:51:43	TCP	elatelink > ftp [ACK] Seq=36 Ack=179 Win=2742 Len=0 TSval=1
15	10.32.106.103	10.32.106.112	2014-06-16 15:51:48	FTP	Request: PORT 10,32,106,103,8,82
16	10.32.106.112	10.32.106.103	2014-06-16 15:51:48	FTP	Response: 200 PORT command successful.
17	10.32.106.103	10.32.106.112	2014-06-16 15:51:48	FTP	Request: NLST linpeiman.txt
18	10.32.106.112	10.32.106.103	2014-06-16 15:51:48	TCP	ftp-data > xds [SYN] Seq=0 Win=65535 Len=0 MSS=1460 SACK_PE
19	10.32.106.103	10.32.106.112	2014-06-16 15:51:48	TCP	xds > ftp-data [SYN, ACK] Seq=0 Ack=1 Win=16384 Len=0 MSS=1
20	10.32.106.112	10.32.106.103	2014-06-16 15:51:48	TCP	ftp-data > xds [ACK] Seq=1 Ack=1 Win=65536 Len=0 TSval=2120
21	10.32.106.112	10.32.106.103	2014-06-16 15:51:48	FTP	Response: 150 Opening ASCII mode data connection for 'file
22	10.32.106.112	10.32.106.103	2014-06-16 15:51:48	FTP-DATA	FTP Data: 15 bytes

```
⊞ Frame 18: 78 bytes on wire (624 bits), 78 bytes captured (624 bits)
⊞ Ethernet II, Src: Emc_27:10:58 (00:60:48:27:10:58), Dst: Vmware_a1:58:41 (00:50:56:a1:58:41)
⊞ Internet Protocol Version 4, Src: 10.32.106.112 (10.32.106.112), Dst: 10.32.106.103 (10.32.106.103)
⊞ Transmission Control Protocol, Src Port: ftp-data (20), Dst Port: xds (2130), Seq: 0, Len: 0
```

图 14

从结果看，12 号和 13 号包完全没有起作用。这很可能是 Windows 的一个 bug，我在 Windows 7 和 Windows 2003 都看到了相同的结果。那微软的测试部门为什么没有发现呢？如果没有用 Wireshark 来抓包检查，测试人员是很难测出这个问题的，我也是在写这篇文章的时候碰巧看到。从这个不经意的发现，就可以知道 Wireshark 的价值。

上网的学问——HTTP

2012 年 7 月 27 日，伦敦奥运会开幕式上，一位长者带着上世纪才能见到的老式电脑出现了。他发布了一条推特——“This is for everyone”，随即显示在体育馆的大屏幕上，传遍世界（见图 1）。

图 1

他就是 57 岁的 Tim Berners-Lee 爵士——万维网的发起者，也是第一位实现 HTTP 的工程师。英国人不但借此传播了开放和分享的互联网精神，也展示了其在 IT 历史上的地位——从奠定现代计算机基础的 Alan Turing，到发明分组交换的 Donald Davies，再到万维网之父 Tim Berners-Lee，每一个重大环节都有英国人的参与。假如北京奥运会上也要推出我们的 IT 界代表人物，我想大家心中已有合适的人选，他也可以在台上尝试发一条推特。

Tim 所实现的 HTTP 便是我们今天浏览网页所用的网络协议。他当年建立的网站至今还能访问，域名为 http://info.cern.ch/。虽然这个页面已经更新过，但我们还可以在 http://www.w3.org/History/19921103-hypertext/hypertext/WWW/News/9201.html 看到当年的内容。

HTTP 的工作方式算不上复杂，先由客户端向服务器发起一个请求，再由服务器回复一个响应。根据不同需要，客户端发送的请求会用到不同方法，有 GET、POST、PUT 和 HEAD 等。比如在网站上登录账号时就可能用到 POST 方法。

我在打开网页 http://www.rfc-editor.org/info/rfc2616 时抓了包，我们就以此为例，来看看 HTTP 是如何工作的（见图 2）。

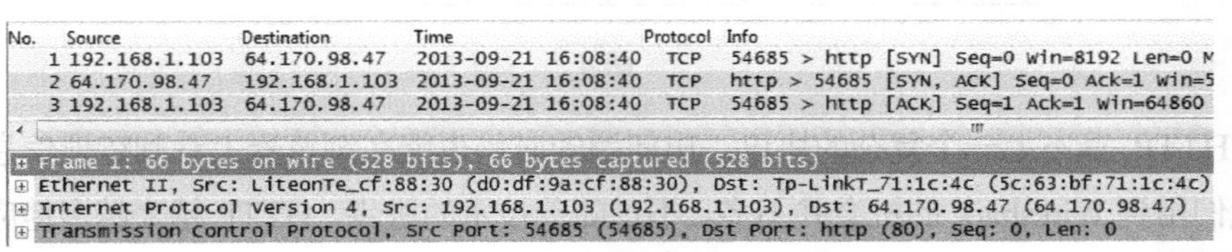

No.	Source	Destination	Time	Protocol	Info
1	192.168.1.103	64.170.98.47	2013-09-21 16:08:40	TCP	54685 > http [SYN] Seq=0 Win=8192 Len=0 M
2	64.170.98.47	192.168.1.103	2013-09-21 16:08:40	TCP	http > 54685 [SYN, ACK] Seq=0 Ack=1 Win=5
3	192.168.1.103	64.170.98.47	2013-09-21 16:08:40	TCP	54685 > http [ACK] Seq=1 Ack=1 Win=64860

```
⊞ Frame 1: 66 bytes on wire (528 bits), 66 bytes captured (528 bits)
⊞ Ethernet II, Src: LiteonTe_cf:88:30 (d0:df:9a:cf:88:30), Dst: Tp-LinkT_71:1c:4c (5c:63:bf:71:1c:4c)
⊞ Internet Protocol Version 4, Src: 192.168.1.103 (192.168.1.103), Dst: 64.170.98.47 (64.170.98.47)
⊞ Transmission Control Protocol, Src Port: 54685 (54685), Dst Port: http (80), Seq: 0, Len: 0
```

图 2

1. 由于 HTTP 协议基于 TCP，所以上来就是三次握手。从图 2 的底部可以看到，服务器的端口号为 80。
2. 在图 3 中，4 号包是客户端向服务器发送的“GET /info/rfc2616 HTTP1.1”请求，即通过 1.1 版的 HTTP 协议，获取/info 目录里的 rfc2616 文件。说白了就是想下载页面内容。

Filter: http ▾ Expression... Clear Apply

No.	Source	Destination	Time	Protocol	Info
4	192.168.1.103	64.170.98.47	16:08:40.324093	HTTP	GET /info/rfc2616 HTTP/1.1
7	64.170.98.47	192.168.1.103	16:08:40.556323	HTTP	HTTP/1.1 200 OK (text/html)
9	192.168.1.103	64.170.98.47	16:08:40.561368	HTTP	GET /style/rfc-editor.css HTTP/1.1
11	64.170.98.47	192.168.1.103	16:08:40.796431	HTTP	HTTP/1.1 200 OK (text/css)

图 3

3. 7 号包是服务器对该请求的响应，即把/info/rfc2616 的内容发给客户端。
4. 9 号包是客户端向服务器请求“GET /style/rfc-editor.css”。该 css 文件定义了页面的格式。
5. 11 号包是服务器对该请求的响应，把/style/rfc-editor.css 的内容发给客户端。

就这样，客户端通过两个 GET 方法得到了页面内容和格式，从而打开了网页。如果点开每一个 HTTP 包前的+号，还能看到其协议头和详细信息。以 4 号包为例，它的 HTTP 协议头在 Wireshark 中如图 4 所示。其包含的信息大概可以归纳为：我要通过 1.1 版的 HTTP 协议，从服务器 www.rfc-editor.org 的/info 目录里得到 rfc2616 的内容。

```
⊟ Hypertext Transfer Protocol
  ⊟ GET /info/rfc2616 HTTP/1.1\r\n
    ⊞ [Expert Info (Chat/Sequence): GET /info/rfc2616 HTTP/1.1\r\n]
      Request Method: GET
      Request URI: /info/rfc2616
      Request Version: HTTP/1.1
    Accept: text/html, application/xhtml+xml, */*\r\n
    Accept-Language: zh-CN\r\n
    User-Agent: Mozilla/5.0 (compatible; MSIE 10.0; Windows NT 6.1; WOW64; Trident/6.0)\r\n
    Accept-Encoding: gzip, deflate\r\n
    Host: www.rfc-editor.org\r\n
    DNT: 1\r\n
    Connection: Keep-Alive\r\n
    \r\n
    [Full request URI: http://www.rfc-editor.org/info/rfc2616]
```

图 4

HTTP 算不上一个复杂的协议，出问题的时候也能在浏览器上看到错误信息，所以我们用到 Wireshark 的机会并不多。不过随着技术的进步，HTTP 越来越多地应用到不需要浏览器的场景中，比如现在如火如荼的云存储技术就有 Wireshark 的用武之地。

由于海量文件不适合传统的目录结构，所以云存储一般使用对象存储的方式——客户端访问文件时并不使用其路径和文件名，而是使用它的对象 ID。身份验证也是通过 HTTP 协议实现的。工程师们处理此类问题时就能用上 Wireshark 了。图 5 是 Wireshark 解析后的 HTTP 读文件过程（只要在 Wireshark 上右键单击其中一个包，在弹出的菜单中选择“Follow TCP Stream”就可以打开这个窗口）。我们可以从中看到该文件的对象 ID“59J5T5KV78EP0e7AJIV55UO93DVG4140QGQQ000ED7PR8EJH3OGUV”，还有身份验证时用到的用户名“paddy”和加密后的密码。我们甚至可以看到服务器回复的文件内容“I am Paddy Lin…”在这个过程中一旦发生问题，比如身份验证出错了，都能从 Wireshark 中看到。

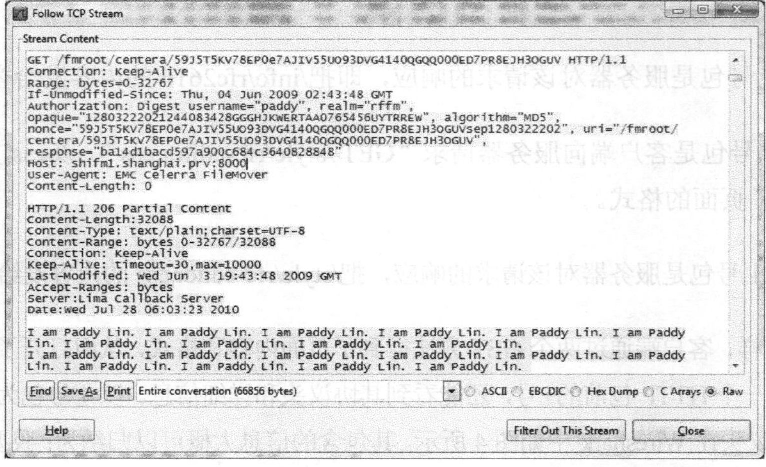

图 5

上面两个例子都用到了 GET 方法，因为它是最常用的。事实上 HTTP 协议最早的版本就只支持 GET，Tim 开发的第一个网页也是如此。这在今天的开发者看来简直是小菜一碟，甚至给人一种“时无英雄”的错觉。但如果放眼整个 IT 历史，现在看起来很了不起的技术都是从简单发展而来的。以云存储为例，底层用到的技术并不新颖，但组合起来的云概念就是科技前沿了。

用 Wireshark 来解决 HTTP 问题是很痛快，因为整个通信过程一览无遗。但仔细一想却叫人直冒冷汗——如果连传输的文件内容都可以清楚地看到，那我上网时的聊天记录，甚至密码是否也会被发现？很不幸，答案是肯定的。如果没有使用加密软件，那么黑客（或者你的领导）就可以从网络包中看到你上班时聊了些什么，在哪些帖子上祝福楼主一生平安，搜索了什么关键词，甚至知道你登录论坛的用户名和密码。

图 6 是我在 Google 上搜索时抓的包。从 4 号包可以看到我用到的关键词“Max is the best boss in the world”（Max 是我老板的名字，希望他此时正在监控我的网络）。如果 IT 部门把这类包收集起来，就能统计出员工们上班时都在搜索什么，再通过 IP 地址还能查到每一项是谁搜的。

No.	Source	Destination	Time	Protocol	Info
1	10.32.200.43	74.125.131.94	12:09:01	TCP	54322 > http [SYN] Seq=0 Win=8192 Len=0 MSS=1428 WS=4 SACK_PERM=1
2	74.125.131.94	10.32.200.43	12:09:01	TCP	http > 54322 [SYN, ACK] Seq=0 Ack=1 Win=65535 Len=0 MSS=1428 WS=8 SACK_PERM=1
3	10.32.200.43	74.125.131.94	12:09:01	TCP	54322 > http [ACK] Seq=1 Ack=1 Win=65688 Len=0
4	10.32.200.43	74.125.131.94	12:09:01	HTTP	GET /search?newwindow=1&safe=active&site=&source=hp&q=%22Max+is+the+best+boss+in+the+world%

图 6

至于更敏感的用户名和密码，这里也有个血淋淋的例子。我在登录 www.mshua.net（这是我经常登录的园艺论坛）时抓了包。当客户端用 POST 方法把用户名和密码传给服务器时，已经在网络上暴露了身份。请看图 7 底部的用户名“username=wiresharktest”和密码“password=P@ssw0rd”，可以想见这个明文账号和密码随时可能落入坏人手中。事实也是如此，上个月我登录时，就发现几位平时一本正经的网友在发成人图片，显然他们的密码已经被盗了。为了防止好奇的读者用这个账号浏览不健康信息，我已经把密码改掉了。

```
2 10.32.200.43   115.236.16.28  2013-09-22 12:13:46.040170  HTTP  POST /bbs/member.php?mod=logging&action=login
⊞ Frame 2: 148 bytes on wire (1184 bits), 148 bytes captured (1184 bits)
⊞ Ethernet II, Src: Dell_68:80:28 (5c:26:0a:68:80:28), Dst: Cisco_e3:a6:80 (ec:30:91:e3:a6:80)
⊞ Internet Protocol, Src: 10.32.200.43 (10.32.200.43), Dst: 115.236.16.28 (115.236.16.28)
⊞ Transmission Control Protocol, Src Port: 59023 (59023), Dst Port: http (80), Seq: 1215, Ack: 1, Len: 94
⊞ [2 Reassembled TCP Segments (1308 bytes): #1(1214), #2(94)]
⊞ Hypertext Transfer Protocol
⊟ Line-based text data: application/x-www-form-urlencoded
    fastloginfield=username&username=wiresharktest&password=P@ssw0rd&quickforward=yes&handlekey=ls
```

图7

那要如何保护自己的信息呢？HTTPS 就是一个不错的选择。比如用 Google 搜索时在 http 后加个 s，变成 https://www.google.com.hk/，就不用担心老板知道你在搜些什么了。图 8 就是使用 HTTPS 搜索时抓的包，注意服务器端口是 443，关键词也被加密到了“Encrypted Application Data”里。

```
Filter: tcp.port eq 443                Expression...  Clear  Apply
No.  Source          Destination     Time                 Protocol Info
 118 10.32.200.28    74.125.228.23   2014-07-07 07:06:10  TLSv1    Application Data, Application Data
 119 74.125.228.23   10.32.200.28    2014-07-07 07:06:10  TCP      https > 57227 [ACK] Seq=9469 Ack=1594
 120 10.32.200.28    74.125.228.23   2014-07-07 07:06:10  TCP      57226 > https [ACK] Seq=1354 Ack=9522
 121 74.125.228.23   10.32.200.28    2014-07-07 07:06:10  TLSv1    Application Data, Application Data, Ap
⊞ Frame 118: 1104 bytes on wire (8832 bits), 1104 bytes captured (8832 bits)
⊞ Ethernet II, Src: Dell_68:80:28 (5c:26:0a:68:80:28), Dst: Cisco_e3:a6:80 (ec:30:91:e3:a6:80)
⊞ Internet Protocol, Src: 10.32.200.28 (10.32.200.28), Dst: 74.125.228.23 (74.125.228.23)
⊞ Transmission Control Protocol, Src Port: 57227 (57227), Dst Port: https (443), Seq: 544, Ack: 94
⊟ Secure Socket Layer
  ⊟ TLSv1 Record Layer: Application Data Protocol: http
      Content Type: Application Data (23)
      Version: TLS 1.0 (0x0301)
      Length: 32
      Encrypted Application Data: ad3299f34bb9cf225338d69f105b8b737b3908cf1b83b8ac...
```

图8

大多数人并不需要理解 HTTPS 的加密算法，所以本文将不在此多费笔墨（其实是因为我自己也不懂）。但因为加密包会给诊断问题带来不少障碍，所以管理员有必要知道如何对它进行解码。图 9 是 4 个 HTTPS 包，我们除了能看到“Application Data Protocol”是 HTTP 之外，几乎对它们一无所知，因为所有信息都被加密了。

```
No. Source    Destination Time                       Protocol Info
 29 127.0.0.1 127.0.0.1   2006-04-24 17:04:18.835766 SSLv3    Change Cipher Spec, Encrypted Handshake Message, Application Data
 30 127.0.0.1 127.0.0.1   2006-04-24 17:04:18.836412 SSLv3    Application Data, Application Data
 31 127.0.0.1 127.0.0.1   2006-04-24 17:04:18.836751 SSLv3    Application Data
 32 127.0.0.1 127.0.0.1   2006-04-24 17:04:18.837090 SSLv3    Application Data, Application Data
⊞ Frame 29: 562 bytes on wire (4496 bits), 562 bytes captured (4496 bits)
⊞ Ethernet II, Src: 00:00:00_00:00:00 (00:00:00:00:00:00), Dst: 00:00:00_00:00:00 (00:00:00:00:00:00)
⊞ Internet Protocol, Src: 127.0.0.1 (127.0.0.1), Dst: 127.0.0.1 (127.0.0.1)
⊞ Transmission Control Protocol, Src Port: 38714 (38714), Dst Port: https (443), Seq: 121, Ack: 155, Len: 496
⊟ Secure Socket Layer
  ⊞ SSLv3 Record Layer: Change Cipher Spec Protocol: Change Cipher Spec
  ⊞ SSLv3 Record Layer: Handshake Protocol: Encrypted Handshake Message
  ⊟ SSLv3 Record Layer: Application Data Protocol: http
      Content Type: Application Data (23)
      Version: SSL 3.0 (0x0300)
      Length: 416
      Encrypted Application Data: dacbcf2df92d54d62bd58802d59ed88b166e2adb11dba502...
```

图9

要对这些加密包进行解码，只需要以下几个步骤（本例所用的网络包和密钥来自 http://wiki.wireshark.org/SSL 上的 snakeoil2_070531.tgz 文件，建议你也下载来试试）。

1. 解压 snakeoil2_070531.tgz 并记住 key 文件的位置，比如 C:\tmp\rsasnakeoil2.key。

2. 用 Wireshark 打开 rsasnakeoil2.cap。

3. 单击 Wireshark 的 Edit-->Preferences-->Protocols-->SSL-->RSA keys list。然后按照 IP Address,Port,Protocol,Private Key 的格式填好，如图 10 所示。

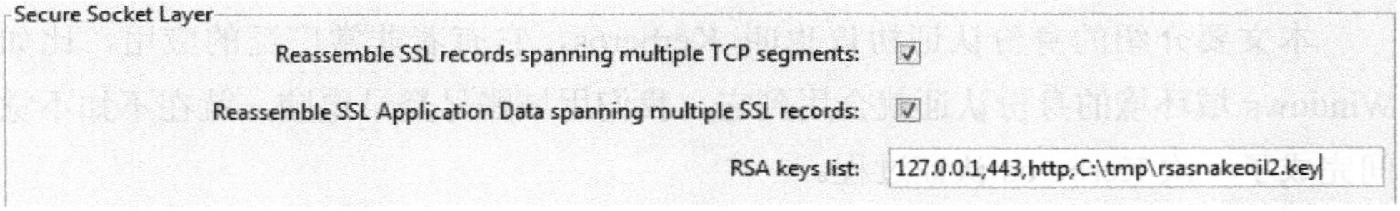

Secure Socket Layer

Reassemble SSL records spanning multiple TCP segments: ☑

Reassemble SSL Application Data spanning multiple SSL records: ☑

RSA keys list: 127.0.0.1,443,http,C:\tmp\rsasnakeoil2.key

图 10

4. 单击 OK，这些包就成功解码了。图 11 就是这 4 个包解码后的样子，两个 GET 方法都可以看到。

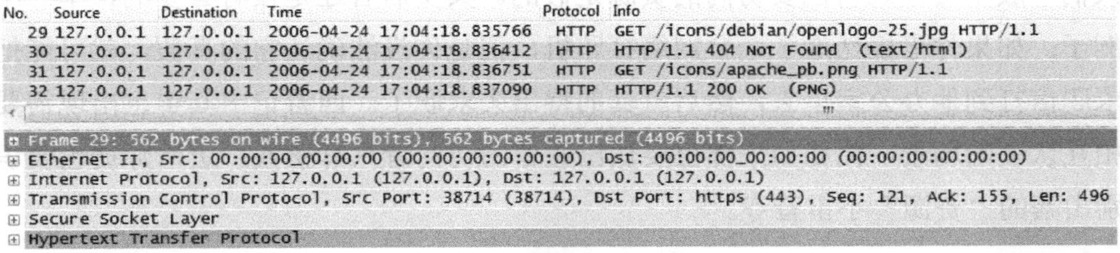

No.	Source	Destination	Time	Protocol	Info
29	127.0.0.1	127.0.0.1	2006-04-24 17:04:18.835766	HTTP	GET /icons/debian/openlogo-25.jpg HTTP/1.1
30	127.0.0.1	127.0.0.1	2006-04-24 17:04:18.836412	HTTP	HTTP/1.1 404 Not Found (text/html)
31	127.0.0.1	127.0.0.1	2006-04-24 17:04:18.836751	HTTP	GET /icons/apache_pb.png HTTP/1.1
32	127.0.0.1	127.0.0.1	2006-04-24 17:04:18.837090	HTTP	HTTP/1.1 200 OK (PNG)

```
⊞ Frame 29: 562 bytes on wire (4496 bits), 562 bytes captured (4496 bits)
⊞ Ethernet II, Src: 00:00:00_00:00:00 (00:00:00:00:00:00), Dst: 00:00:00_00:00:00 (00:00:00:00:00:00)
⊞ Internet Protocol, Src: 127.0.0.1 (127.0.0.1), Dst: 127.0.0.1 (127.0.0.1)
⊞ Transmission Control Protocol, Src Port: 38714 (38714), Dst Port: https (443), Seq: 121, Ack: 155, Len: 496
⊞ Secure Socket Layer
⊞ Hypertext Transfer Protocol
```

图 11

既然 HTTPS 包能被解码，是不是说明它也不安全呢？事实并非如此，因为解码所用到的密钥只能在服务器端导出。不同的服务器操作步骤有所不同，比如 IIS 服务器就可以参考这一篇文章：http://www.packetech.com/showthread.php?1585-Use-Wireshark-to-Decrypt-HTTPS。

你的老板有可能潜入 Google 导出密钥吗？我相信我老板做不到。

无懈可击的Kerberos

在古希腊神话中，冥界的大门由一头烈犬看守。此犬长有三个头，兢兢业业地守在冥河边，从没有灵魂能在它醒着的时候逃离。这头烈犬就是 Kerberos，安全守卫的象征。古希腊人下葬时要放好蜜饼，就是为了讨好它。现代游戏里也有它的英姿，比如《英雄无敌》里以一敌多的地狱烈犬。

本文要介绍的身份认证协议也叫 Kerberos，它有着非常广泛的应用，比如 Windows 域环境的身份认证就会用到它。我们用域账号登录电脑，就在不知不觉间完成了一次 Kerberos 认证过程。

Kerberos 的认证结果是双向的——当账号 A 访问资源 B 时，不但 B 要确保 A 并非冒充，而且 A 也要查明 B 不是假货。我们一般只知道前者，比如前文提到的 CIFS 服务器就要在 Session Setup 中对造访者验明正身。后者则很少被提及，因为人们一般不会怀疑自己要访问的资源是假的。其实后者还是很有必要的，举一个例子：如果你老板伪造了一台网络打印机，但是你没法确认它的真假，就可能把求职信打到他办公室里去，然后就真的得出去求职了。西游记中其实也出现需要相互认证的场景，比如如来佛祖要认出假冒的访问者六耳猕猴，唐僧师徒也要识别山寨的“资源”小雷音寺。

双向认证的方式不止一种，最简单的做法是互报密码。这个过程就像电影中用暗号接头。A 说：“江南风光好”，B 说：“遍地红花开”。如果双方都核对无误，就可以激动地握手“同志，我可找到你了！”假如其中一方报错暗号，则接头失败。这种方式的弊端很多，最大的问题是不方便管理。比如在一个数百名员工共享几百台机器的环境中，当新加入一名员工时，就得在几百台机器上更新账号信息。相信没有管理员能忍受这样的环境。

有没有办法做得更好呢？Kerberos 采用的方法是引入一个权威的第三方来负

责身份认证。这个第三方称为 KDC，它知道域里所有账号和资源的密码。假如账号 A 要访问资源 B，只要把 KDC 拉出来证明双方身份就行了。在这种机制下，A 和 B 都没必要知道对方的密码，完全依赖 KDC 就可以。

原理说起来简单，通过程序实行起来可就难了。事实上由于 Kerberos 过于复杂，从来没有一位技术作家能把它简单地表述出来。最文艺的 Kerberos 诠释当属麻省理工学院编的一出话剧，搜索一下“Kerberos 四幕话剧”就能找到它，但其实理解这话剧还是不容易。幸好有了 Wireshark 之后，可以使 Kerberos 的认证过程变得清晰很多。在下面的实验中，账号 A 是我的域账号 linp1，资源 B 是一台叫 CAVA 的 Windows 服务器。账号 A 访问资源 B 其实就是 linp1 登录 CAVA 的过程。

第一步，账号 A 和 KDC 互相认证。

这可以看成一道有趣的小学奥数题：已知世界上只有 A 和 KDC 知道 A 的密码，如何利用该密码互相证明自己的身份？你也许会想到孔明和周瑜在手心对字，直接向对方亮出 A 的密码。但在网络环境中不能这样做，因为如果其中一方是假的，不就被套到真密码了吗？既要做到不说出密码，又要让对方知道自己拥有密码，应该怎样实现？Kerberos 自有一套严密的办法。

1. 账号 A 利用 hash 函数把密码转化成一把密钥，我们称它为 Kclt。
2. 用 Kclt 把当前时间戳加密，生成一个字符串。我们用“{时间戳} Kclt”来表示它。
3. 把上一步生成的字符串“{时间戳} Kclt”、账号 A 的信息，以及一段随机字符串发给 KDC。这样就组成了 Kerberos 的身份认证请求 AS_REQ。我们用下面这个公式来表示这个请求。

   AS_REQ =“{时间戳} Kclt”，“账号 A 的信息”，“随机字符串”

如图 1 所示，我实验室中的账户名字为 linp1，本次生成的随机字符串是 136224786。

```
No.  Source         Destination    Time             Protocol  Info
  19 10.32.106.116  10.32.106.103  15:14:04.481503  KRB5      AS-REQ
  20 10.32.106.103  10.32.106.116  15:14:04.487202  KRB5      AS-REP

⊟ Kerberos AS-REQ
    Pvno: 5
    MSG Type: AS-REQ (10)
  ⊟ padata: PA-ENC-TIMESTAMP PA-PAC-REQUEST
    ⊟ Type: PA-ENC-TIMESTAMP (2)
      ⊟ Value: 303da003020117a23604345cb2aa3f173c837b151acc5b19... rc4-hmac
          Encryption type: rc4-hmac (23)
        ⊟ enc PA_ENC_TIMESTAMP: 5cb2aa3f173c837b151acc5b198fdc8bc479bc8beea3226f
            [Decrypted using: keytab principal none@none]
            patimestamp: 2012-03-14 07:14:04 (UTC) 时间戳
            pausec: 533347
    ⊞ Type: PA-PAC-REQUEST (128)
  ⊟ KDC_REQ_BODY
      Padding: 0
    ⊞ KDCOptions: 40810010 (Forwardable, Renewable, Canonicalize, Renewable OK)
    ⊞ Client Name (Principal): linp1 账号信息
      Realm: NAS
    ⊞ Server Name (Service and Instance): krbtgt/NAS
      till: 2037-09-13 02:48:05 (UTC)
      rtime: 2037-09-13 02:48:05 (UTC)
      Nonce: 136224786 随机字符串
```

图 1

4. KDC 收到 AS_REQ 之后，先读到账号 A 的信息“linp1”，于是便调出 A 的密码，再用同样的 hash 函数转化为 Kclt。有了 Kclt 就可以解开“{时间戳} Kclt”了，如果能解开则说明该请求是由账号 A 生成的，因为其他账号不可能有 Kclt 可以加密。

Kerberos 为什么要选用时间戳来加密，而不是其他呢？原因就是黑客可能在网络上截获字符串“{时间戳} Kclt”，然后伪装成账户 A 来骗认证。这种方式称为重放攻击。重放攻击的伪装过程需要一段时间，所以 KDC 把解密得到的时间戳和当前时间作对比，如果相差过大就可以判断是重放攻击了。假如采用与时间无关的字符来加密，则无法避开重放攻击，这就是我们必须在域中同步所有机器时间的原因。

5. 接下来轮到 KDC 向账号 A 证明自己的身份了，上文提到的随机字符串就用在这里。理论上 KDC 只要用 Kclt 加密随机字符串，再回复给账号 A 就可以证明自己的身份了。因为假的 KDC 是没有 Kclt 的，账户 A 拿到回复之后解不出那个随机字符串，就知道 KDC 有假。

总结以上过程，账号 A 和 KDC 都没有向对方发送密码，所以即便一方是假的也不会泄露信息。而如果双方都是真的，则实现了互相认证，可以算是完美了。不过这个机制下的 KDC 会非常忙碌，假设每次认证都得调出账号密码、hash、解密……而且每个客户端一天可能要验证数十次，那域中就得配备大量的 KDC 才负担得起。有没有办法进一步改进呢？Kerberos 为此设计了一个精巧的方法。

a．KDC 生成两把一样的密钥 Kclt-Kdc，作为以后账户 A 和 KDC 之间互相认证之用，这样就省去了调出账号 A 的密码和 hash 等工作。按理说其中一把 Kclt-Kdc 要发给账户 A 保管，另一把由 KDC 自己保管。但是保管密钥对忙碌的 KDC 来说也是一个负担，所以它决定委托给账户 A 保管，以后账号 A 每次需要 KDC 的时候，再把这把密钥还回来。这个办法听上去不太靠谱，万一有个假冒的账户 A 交回来一把假密钥怎么办？为了避免这个问题，KDC 把自己的密码 hash 成 Kkdc，然后用它加密那把委托给 A 的密钥。Kerberos 里把这个委托的密钥称为 TGT（Ticket Granting Ticket），可以用下面的公式来表示。

TGT = {账户 A 相关信息，Kclt-kdc} Kkdc

有了这个委托保存的机制，KDC 只需记得自己的 Kkdc，就能解开委托给所有账号的 TGT，从而获得与该账号之间的密钥。通过这个机制，KDC 的工作负担就大大降低了。

总结下来，KDC 回复给账户 A 的 AS_REP 应包含以下信息（见图 2）。

AS_REP=TGT, {Kclt-kdc,时间戳，随机字符串}Kclt

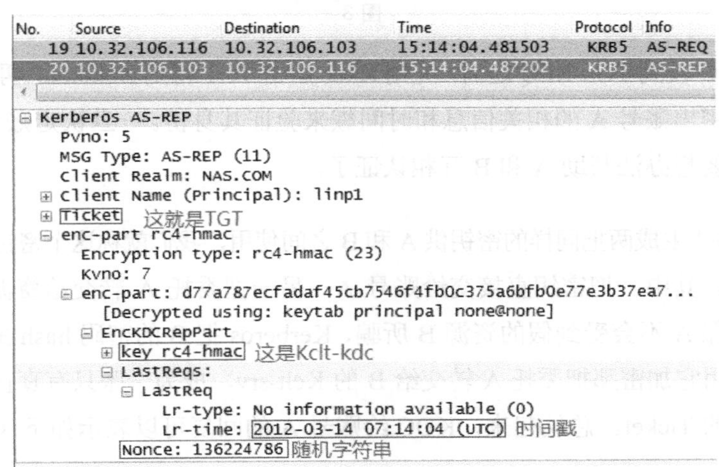

图 2

b．账户 A 收到 AS-REP 之后利用 Kclt 解密“{Kclt-kdc,时间戳，随机字符串} Kclt”。通过解开来的随机字符串和时间戳来确定 KDC 的真实性，然后把 Kclt-kdc 和 TGT 保存起来备用。

第二步，账号 A 请 KDC 帮忙认证资源 B。

1．这时应该发什么给 KDC 呢？首先 TGT 是肯定要交还给 KDC 的，其次还有账户 A 的相关信息、当前时间戳，以及要访问的资源 B 的信息（见图 3）。这个请求在 Kerberos 中称为 TGS-REQ，可以用下面的公式表示。

TGS_REQ = TGT，{账户 A 相关信息，时间戳}Kclt-kdc，“资源 B 相关信息”

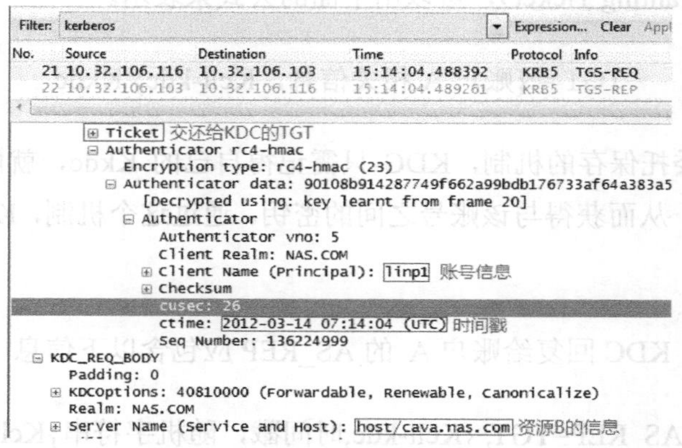

图 3

2．KDC 收到 TGS-REQ 之后，先用 Kkdc 解密 TGT 得到 Kclt-kdc，再用 Kclt-kdc 解密出账号 A 的相关信息和时间戳来验证其身份。一旦认定账号 A 为真，就要想办法帮助 A 和 B 互相认证了。

3．KDC 生成两把同样的密钥供 A 和 B 之间使用，我们就称这个密钥为 Kclt-srv 吧。其中一把密钥直接交给账号 A，另一把委托 A 转交给资源 B。为了确保 A 不会受到假的资源 B 所骗，Kerberos 把 B 的密码 hash 成 Ksrv，然后用它加密那把委托 A 转交给 B 的 Kclt-srv，成为一张只有真正的 B 能解密的 Ticket。总结起来，KDC 给账号 A 的回复可以表示如下（见图 4）。

Ticket = {账号 A 的信息，Kclt-srv}Ksrv

TGS_REP = {Kclt-srv}Kclt-kdc, Ticket

这里的“账号 A 的信息”可不仅仅包括名字，连 A 所在的 Domain Groups 都包含在里面。所以如果 A 属于很多个 groups，TGS_REP 包会非常大。

```
No.  Source         Destination    Time             Protocol Info
  21 10.32.106.116  10.32.106.103  15:14:04.488392  KRB5     TGS-REQ
  22 10.32.106.103  10.32.106.116  15:14:04.489261  KRB5     TGS-REP

⊟ Kerberos TGS-REP
    Pvno: 5
    MSG Type: TGS-REP (13)
    Client Realm: NAS.COM
  ⊞ Client Name (Principal): linp1
  ⊞ Ticket 这就是{账号A的信息，Kclt-srv}Ksrv
  ⊟ enc-part rc4-hmac
      Encryption type: rc4-hmac (23)
    ⊟ enc-part: 3ef6746e95f0f6891fa6e2339b2cdcbdc3d1fbe2d75540b4...  这是{Kclt-srv}Kclt-kdc
        [Decrypted using: key learnt from frame 20]
      ⊟ EncKDCRepPart
        ⊟ key rc4-hmac
            Key type: rc4-hmac (23)
            Key value: 13b4b59c905646d253dab2a14a391945 这是Kclt-srv
```

图 4

4. 账号 A 收到 TGS_REP 之后，先用 Kclt-kdc 解开{Kclt-srv}Kclt-kdc，从而得到 Kclt-srv。Ticket 留着发给资源 B。接下来如果需要多次访问资源 B，都可以使用同一个 Ticket，而不需要每次都向 KDC 申请，这也大大降低了 KDC 的负担。

第三步，账号 A 和资源 B 互相认证。

1. 到这一步就简单了。账号 A 给资源 B 发送“{账号 A 的信息，时间戳} Kclt-srv”以及上一步收到的 Ticket。这个请求称为 AP_REQ。

   AP_REQ = “{账号 A 的信息，时间戳} Kclt-srv”，Ticket

2. 如果资源 B 是假的，它是解不开 Ticket 的。如果资源 B 是真的，它可以用自己的密码生成 Ksrv 来解开 Ticket，从而得到 Kclt-srv。有了 Kclt-srv 就可以解开“{账号 A 的信息，时间戳} Kclt-srv”部分。这样资源 B 就可以确定账号 A 为真，然后 回复 AP_REP 来证明自己也是真的。

   AP _REP = {时间戳}Kclt-srv

3. 账号 A 利用 Kclt-srv 来解密 AP_REP，再通过得到的时间戳来判断对方是否为真。

第三步是抓不到网络包的，因为这个实验过程是用户 linp1 登录 Windows 服务器 CAVA，第三步没有发生在网络上。假如接下来用户 linp1 访问 CAVA 之外的其他资源，比如访问网络共享，我们就能在 Session Setup 里找到 AP_REQ 和 AP_REP 了。如图 5 所示，我在 Session Setup AndX Request 包中点开 Security Blob，就把 AP_REQ 显示出来了。

图 5

如果这是你第一次认识 Kerberos，我估计已经看得云里雾里了。请相信这是人类的正常反应，我给好几批工程师培训过 Kerberos，几乎没有人能很快理清楚的。图 6 是整个认证过程的流程图，也许对理解会有所帮助。

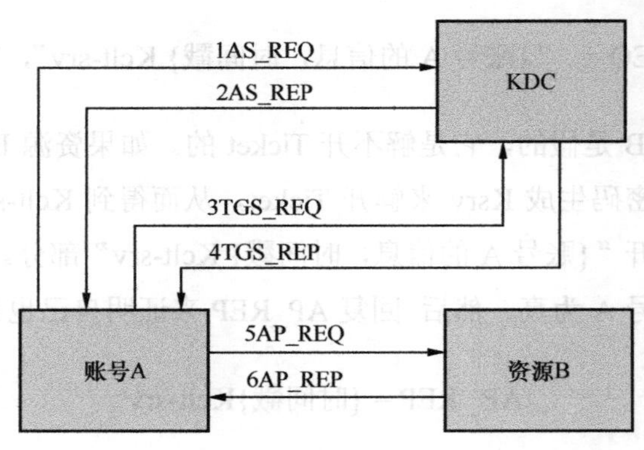

图 6

当你完全理解 Kerberos 之后，可能会意识到一个问题：不对啊，那么多加密信息都被 Wireshark 显示出来了，还有 什么安全可言？其实我是用 linp1 的密码生成了一个 keytab 文件，再用它来解密的。具体操作如下。

1. 参照 Wireshark 的官方说明生成 keytab 文件，步骤请参考 http://wiki.wireshark.org/Kerberos。
2. 把这个文件和网络包放到同一个目录里。
3. 打开 Wireshark 的 Edit-->Preferences-->Protocols-->KRB5 菜单，在图 7 所示的窗口勾上两个选项，然后输入 keytab 文件的名字。

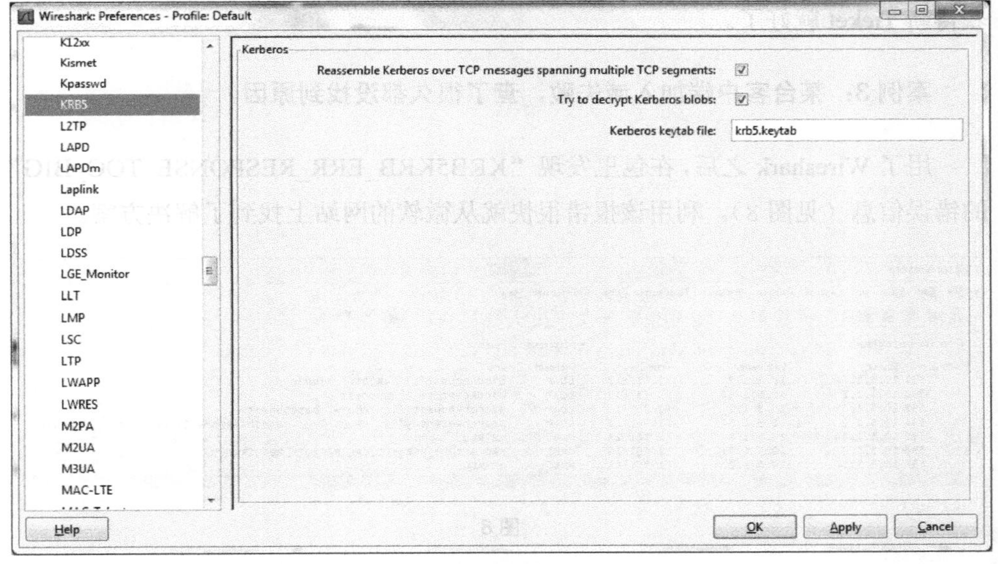

图 7

4. 打开网络包，就能看到解密后的内容了。

这也是我喜欢 Wireshark 的原因之一，即使像 Kerberos 这么复杂的协议，它也能完全解析出来。这简直是域管理员的福音。我稍作回忆，就能想到很多处理过的 Kerberos 相关例子。

案例 1：某客户可以用“\\<IP 地址>”访问某文件服务器，但用了“\\<域名>”则不能访问。

用了 Wireshark 抓包才知道，客户端用 IP 访问时用了 NTLM 作身份验证，而用域名访问时则用 Kerberos。由于两种验证方法机制不同，所以结果也不一样。比如当客户端和服务器的时间没有同步时，Kerberos 会认为该访问是重放攻击而拒绝访问，但 NTLM 不会。

案例 2：一个域账号明明被加到某个组里，该组也被赋予访问文件夹的权限，但是该账号就是访问不了这个文件夹。

用 Wireshark 解密了 AP_REQ 之后，并没有看到那个组。很可能是用户登录（获得包含组信息的 ticket）之后，才被加到那个组里的。让该用户注销后再登录，获得新 Ticket 就好了。

案例 3：某台客户端加入域失败，查了很久都没找到原因。

用了 Wireshark 之后，在包里发现“KRB5KRB_ERR_RESPONSE_TOO_BIG”的错误信息（见图 8）。利用该报错很快就从微软的网站上找到了解决方案。

tcpdump.cap

File Edit View Go Capture Analyze Statistics Telephony Tools WS internal Help

Filter: kerberos || ldap　Expression... Clear Apply

No.	Source	Destination	Time	Protocol	Info
531	10.5.1.54	10.5.1.2	71.757812	LDAP	bindRequest(1) "<ROOT>" simple
532	10.5.1.2	10.5.1.54	71.757812	LDAP	bindResponse(1) success
533	10.5.1.54	10.5.1.2	71.757812	LDAP	searchRequest(2) "<ROOT>" baseObject
534	10.5.1.2	10.5.1.54	71.761718	LDAP	searchResEntry(2) "<ROOT>" | searchResDone(2) success [1 result]
535	10.5.1.54	10.5.1.2	71.761718	KRB5	AS-REQ
536	10.5.1.2	10.5.1.54	71.761718	KRB5	KRB Error: KRB5KDC_ERR_PREAUTH_REQUIRED
537	10.5.1.54	10.5.1.2	71.761718	KRB5	AS-REQ
538	10.5.1.2	10.5.1.54	71.761718	KRB5	KRB Error: KRB5KRB_ERR_RESPONSE_TOO_BIG

图 8

TCP/IP 的故事

我们生活在这样一个时代：只要连上网络，就可以和朋友交流，无论距离远近；也可以网购商品，发誓剁手都无济于事；还可以点评正在发生的大小事件，像皇上批阅奏章一样日理万机。用我们这一行的表达方式，可以说现代人的生活是基于网络的。

网络的流行很大程度上要归功于 Vinton Cerf 和 Robert Kahn 这对老搭档（见图 1）。他们在 20 世纪 70 年代设计的 TCP/IP 协议奠定了现代网络的基石，也因此获得过计算机界的最高荣誉——图灵奖。

Vinton 和 Robert 一起获得总统自由勋章

图 1

说起来 TCP/IP 还不是这两位互联网之父的第一次合作。在此之前，他们一起参与了阿帕网的开发。阿帕网称得上现代网络的前身，当时谁也没有想到，颠覆阿帕网的竟是它的两位设计者。Robert 后来回忆说，当他把工作重心从阿帕网转向 TCP/IP 时，身边的人都以为他的事业陷入低谷，而实际上那才是他事业的真正开始。

Robert 为人低调，每次接受采访都一本正经。Vinton 热情外向，关于他的趣事很多。比如他和女友第一次约会时去了艺术博物馆。IT 男 Vinton 在一幅大型作品前伫立良久，最后冒出一句评语："这画真像一只巨大的新鲜汉堡包"，我们可以想象他的画家女友当时的表情。当然，找个技术青年当男友也不是一无是处。后来在他们的婚礼上，录音机突然卡壳了。Vinton 终于发挥了一把特长，和伴郎一起到小房间修录音机了。互联网造福了世界，自然也包括 Vinton 自己的生活。因为夫妻俩都有听力缺陷，听电话非常吃力，电子邮件就为他们带来不少便利。

现在人们说到 TCP/IP 时，指的已经不止是 TCP 和 IP 两个协议，而是包括了 Application Layer、Transport Layer、Internet Layer 和 Network AccessLayer 的四层模型。TCP 处于 Transport Layer，而 IP 处于 Internet Layer。鲜为人知的是，一开始这两个协议并没有分层，而是合在一起的。当时的计算机科学家 Jon Postel 对此批评说：

"We are screwing up in our design of internet protocols by violating the principle of layering. Specifically we are trying to use TCP to do two things: serve as a host level end to end protocol, and to serve as an internet packaging and routing protocol. These two things should be provided in a layered and modular way. I suggest that a new distinct internetwork protocol is needed, and that TCP be used strictly as a host level end to end protocol."（我们违背了分层原则，从而搞砸了网络协议的设计。具体来说，我们正在尝试使用 TCP 来做两件事：作为一个主机级别的端到端协议；同时也作为网络的分组和路由协议。这两件事本应该用分层和模块化的形式来实现。我建议设计一个新的网络互联协议，并且把 TCP 严格限制为主机级别的端到端协议。）

——Jon Postel, IEN 2, 1977

这个建议一年后被采纳了，第三版的协议决定把 TCP 和 IP 分离开来，并且延续至今。无巧不成书，Jon Postel 恰好是 Vinton 的高中同学，也是阿帕网项目的同事。他在 1998 年因病去世时，Vinton 为他写了一篇感人至深的讣告，并且作为 RFC 2468 发布。据我所知，这是唯一一篇无关技术的 RFC。对一位计算机科学家来说，这也许是最有意义的纪念方式。我们今天还可以通过 http://tools.ietf.org/html/rfc2468 阅读它。

TCP/IP 的设计非常成功。30 年来，底层的带宽、延时，还有介质都发生了翻天覆地的变化，顶层也多了不少应用，但 TCP/IP 却安如泰山。它不但战胜了国际标准化组织的 OSI 七层模型，而且目前还看不到被其他方案取代的可能。第一代从事 TCP/IP 工作的工程师，到了退休年龄也在做着朝阳产业。

令人费解的是，现在的大学课程还在介绍 OSI 七层模型。它和 TCP/IP 模型的对应关系如图 2 所示。因为 OSI 模型的层数太多，很多学生根本理解不了，甚至连顺序都记不住。于是老师们就用"All People Seem To Need Data Processing"来帮助记忆，因为这 7 个单词的首字母和 OSI 模型每一层的首字母是一样的。大学的应试教育由此可见一斑。更奇怪的是学生们走出校园后，会发现这个笨重的七层模型已经没有市场。虽然历史上它得到过官方的大力支持，但是市场明显更青睐 TCP/IP 四层模型。

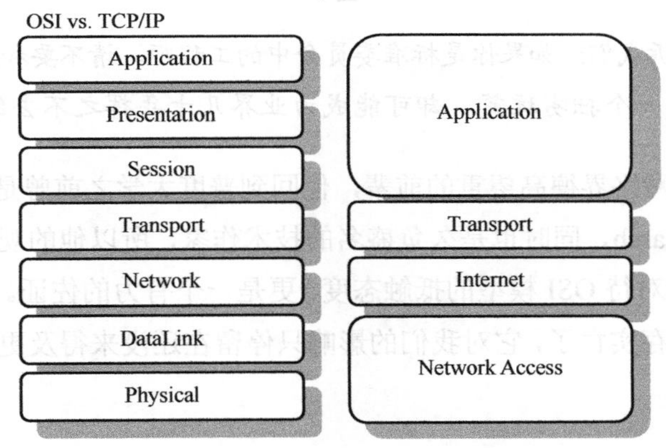

图 2

按理说 OSI 是权威组织，它所设计的模型应该是科学的。为什么反而会不受欢迎呢？很多专家都对此有过评论，其中以普度大学特聘教授 Douglas Comer 的批评最为激烈。他曾经在一篇文章里这样写过：

"最近有了一些惊人的发现：我们都知道这个七层模型是由一个小组（见图 3）完成的，但大家不知道的是，这个小组有一天深夜在酒吧里谈论美国的娱乐八卦。他们把迪斯尼电影里 7 个小矮人的名字写在餐巾纸上，有个人开玩笑说 7 对于网络分层是个好数字。第二天上午在标准化委员会的会议上，他们传阅了那张餐巾纸，然后一致同意昨晚喝醉时的重大发现。那天结束时，他们又给七个层次重新起了听上去更科学的名字，于是模型就诞生了。

OSI 七层模型工作小组的合影

图 3

这个故事告诉我们：如果你是标准委员会中的工程师，请不要和同事喝酒——深夜在酒吧里开的一个拙劣玩笑，却可能成为业界几十年挥之不去的噩梦。”

Douglas 是网络界德高望重的前辈，他回到普度大学之前曾是 Cisco 的 Vice President of Research，同时也是久负盛名的技术作家，所以他的观点很有代表性。而当时业界普遍对待 OSI 模型的抵触态度，更是一个有力的佐证。幸好到了今天，OSI 模型几乎名存实亡了，它对我们的影响只停留在还没来得及更新的教科书上。

举重若轻

145

“一小时内给你答复”

在武侠小说里看到过一段话，大意是练习歪门邪道的功夫，很快便能小有成就，但永远成不了高手。而名门正派的武功虽然入门艰辛，进步缓慢，却是成为一代宗师的必由之路。这段话深得我心，学习网络也只能老老实实地去参透各个协议，才能达到最高境界。研究协议的过程虽然枯燥缓慢，但是不可或缺。

有的技术人员喜欢重启一下或者乱试一通来碰运气，虽然也有成功的时候，但是概率很低。如果一个人经常有这样的好运气，那去赌场上班也许更加合适。我最近处理过的一个案例就很好地说明了这一点。

事情是这样的：现场工程师搭建了一台文件服务器来提供 NFS 共享，可是客户端一直挂载不上，每次尝试都收到同一个报错“access denied by server while mounting…”，如图 1 所示。

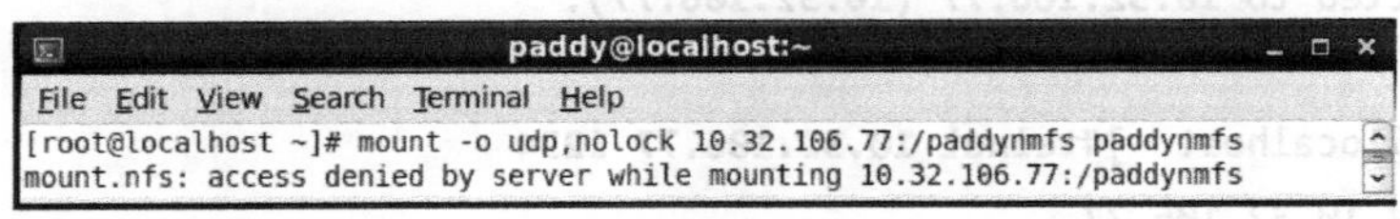

图 1

现场工程师检查了服务器和客户端的所有配置，但实在找不出原因，于是这个问题就拖了好几天。当他焦急地打我电话时，据说客户已经彻底失去耐心了，在机房里咆哮，“I am going to throw the box out of the window”。我只好安慰他说，“放心吧，帮我抓一个网络包，一小时内给你答复。”

之所以敢承诺这么短的时间，是因为我已经处理过上百个类似的问题。自从用 Wireshark 学习了 NFS 的协议细节后，我可以用它很快地解决任何挂载问题，至今没有失手过。其实一小时还是保守估计，一般 5 分钟就够了。

现场工程师很快就把配置信息和网络包传过来了：

服务器 IP：

10.32.106.77

NFS 共享的访问控制：

/paddynmfs　192.168.26.139（rw）

##只允许 192.168.26.139 读写，其他客户端不能挂载

客户端 IP（见图 2）：

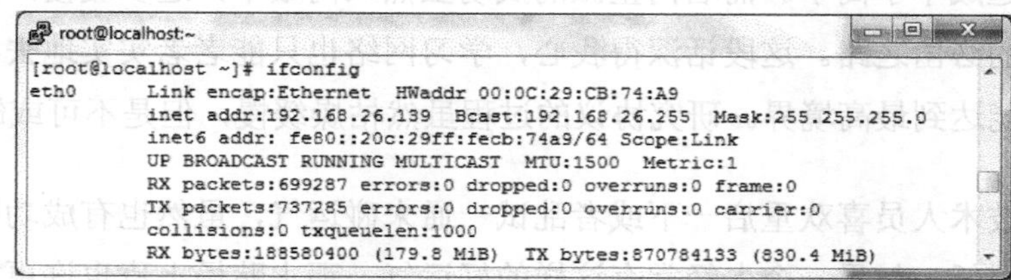

root@localhost:~
[root@localhost ~]# ifconfig
eth0   Link encap:Ethernet HWaddr 00:0C:29:CB:74:A9
inet addr:192.168.26.139 Bcast:192.168.26.255 Mask:255.255.255.0
inet6 addr: fe80::20c:29ff:fecb:74a9/64 Scope:Link
UP BROADCAST RUNNING MULTICAST MTU:1500 Metric:1
RX packets:699287 errors:0 dropped:0 overruns:0 frame:0
TX packets:737285 errors:0 dropped:0 overruns:0 carrier:0
collisions:0 txqueuelen:1000
RX bytes:188580400 (179.8 MiB) TX bytes:870784133 (830.4 MiB)

图 2

现场工程师的排查过程如下所示。

```
[root@localhost ~]#telnet 10.32.106.77 111
Trying 10.32.106.77...
Connected to 10.32.106.77 (10.32.106.77).

[root@localhost ~]#telnet 10.32.106.77 1234
Trying 10.32.106.77...
Connected to 10.32.106.77 (10.32.106.77).

[root@localhost ~]#telnet 10.32.106.77 2049
Trying 10.32.106.77...
Connected to 10.32.106.77 (10.32.106.77).

[root@localhost ~]# showmount -e 10.32.106.77
/paddynmfs    192.168.26.139
```

作为“碰运气”步骤，现场工程师把客户端和服务器都重启过了，但结果还是一样。

我仔细检查完以上信息，结论和现场工程师一样——服务器和客户端的配置都没问题。而且从排查过程还可以知道：

- 从 telnet 的输出结果可见 portmap（111）、mount（1234）以及 NFS（2049）进程所对应的端口都是可达的；这说明网络是通的，没有防火墙之类的设备拦截了挂载请求；
- 从 showmount 的结果可以看到，挂载时指定的共享路径也是正确的。

到这里我也有点迷惑，一时想不出问题出在哪里。阅读以下内容之前，建议你停下来思考一下，还有什么因素可能导致了挂载失败？

幸好杀手锏没有出，我用 Wireshark 打开在服务器上抓到的包，然后用 192.168.26.139 过滤了一下，如图 3 所示。

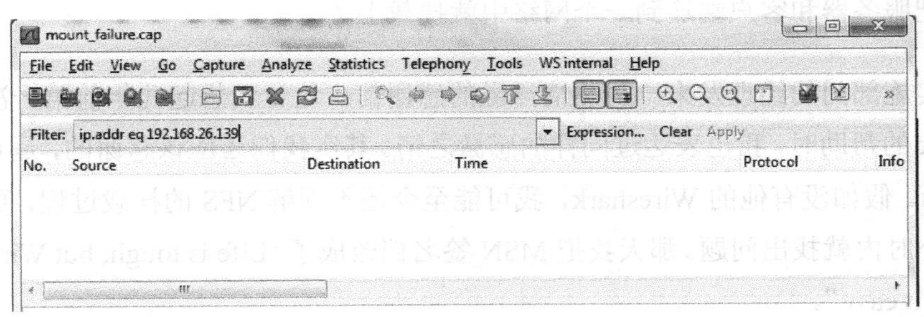

图 3

结果竟然是空的！这是怎么回事？我又换了一个过滤表达式，把所有 mount 包显示出来，结果见图 4。

Filter: mount　Expression... Clear Apply

No.	Source	Destination	Time	Protocol	Info
9	10.32.200.45	10.32.106.77	2013-12-04 13:23:07.378493	MOUNT	V3 NULL Call (Reply In 10)
10	10.32.106.77	10.32.200.45	2013-12-04 13:23:07.378493	MOUNT	V3 NULL Reply (Call In 9)
11	10.32.200.45	10.32.106.77	2013-12-04 13:23:07.382399	MOUNT	V3 NULL Call (Reply In 12)
12	10.32.106.77	10.32.200.45	2013-12-04 13:23:07.382399	MOUNT	V3 NULL Reply (Call In 11)
13	10.32.200.45	10.32.106.77	2013-12-04 13:23:07.382399	MOUNT	V3 MNT Call (Reply In 14) /paddynmfs
14	10.32.106.77	10.32.200.45	2013-12-04 13:23:07.382399	MOUNT	V3 MNT Reply (Call In 13) Error:ERR_ACCESS

图 4

从图 4 中可以看出，客户端 10.32.200.45 发送了 mount 请求，但被服务器 10.32.106.77 拒绝了，这倒符合“Access Denied”的症状。等等，客户端的 IP 不应该是 192.168.26.139 吗，怎么变成 10.32.200.45 了？这时候我恍然大悟：两个网络之间估计存在 NAT（Network Address Translation），当客户端发出的请求经过 NAT 设备时，Source IP 被改掉了（图 5 显示了这个过程）。

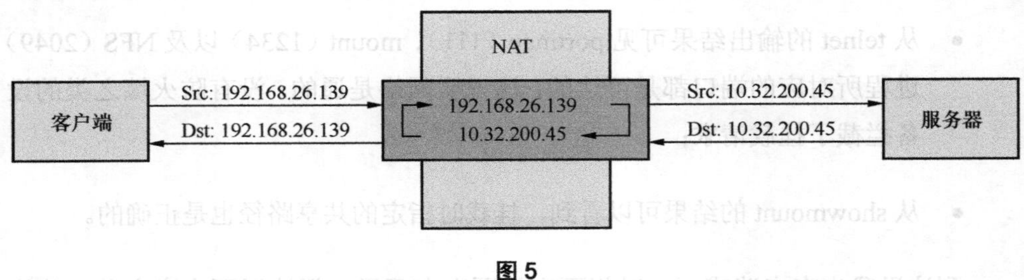

图 5

由于服务器上的访问控制只允许 192.168.26.139 访问，所以来自 10.32.200.45 的挂载请求自然被拒绝了。

我把分析报告发给现场工程师。他和客户沟通之后，果然证实了我的分析。最终把服务器和客户端连到一个网络中就挂载上了。

实施部门的经理发来一封热情洋溢的感谢信，这让我想起几年前第一次得到 Patrick 的帮助时，我也表达过同样的感激之情。其实我们还应该感谢的，是 Gerald Combs。假如没有他的 Wireshark，我可能至今还不理解 NFS 的挂载过程，更不要说一小时内就找出问题。那天我把 MSN 签名档改成了“Life is tough, but Wireshark makes it easy”。

午夜铃声

“叮铃铃……叮铃铃……”一阵手机铃声打断了我的美梦。

我恍惚中按下接听键，竟然是老板的声音，“阿满，真不好意思，这么晚还打你电话。”一番寒暄之后，有了下面的对话。

老板：“我司在为××电视台实施 Isilon，现场团队被一个读性能的问题卡了好几天了。所以美国总部刚刚打电话给我，希望一位懂网络的专家能尽快飞到北京，你看……”

我：“我看最近招的两位 CCIE 都不错，让他们去锻炼一下嘛。我明天要搬家，老婆又在发烧。”

老板：“这个项目对我们太重要了，#￥%*@$^&……（此处省略 300 字）你完全不用担心，我会派几个人替你搬家。”

我：（赶在老板派人帮我照顾老婆之前）“好吧，我准备一下。”

挂了电话，赶紧搜索一下 Isilon，才知道是我司最近收购的 NAS，以性能卓越著称。是什么问题能让实施团队卡住好几天呢？看看时钟已经是凌晨 2 点了，便让现场的工程师先把网络包传上来再说。

5 点钟起床，司机已经等在楼下了（我司对待甲方的态度和效率，常常让员工们妒忌）。一路疾驶到办公室，网络包也已经上传完毕。我用 Wireshark 粗略一看，发现很多包发生了重传（Retransmission），而且还有大量乱序（Out-Of-Order）。下面是 Wireshark 的分析结果。

重传（见图 1）：

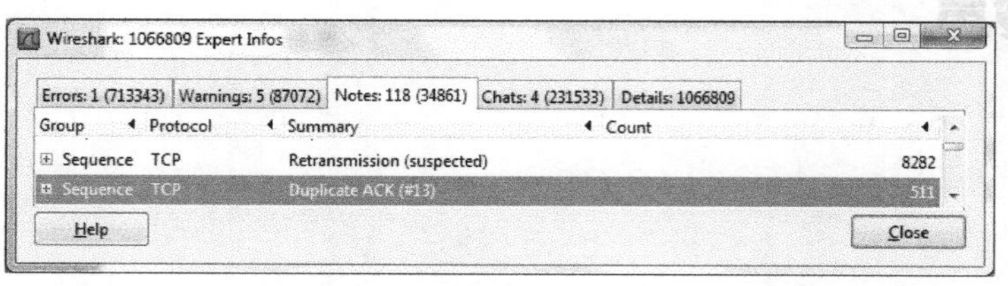

图 1

乱序（见图 2）：

Wireshark: 1066809 Expert Infos

Errors: 1 (713343) | Warnings: 5 (87072) | Notes: 118 (34861) | Chats: 4 (231533) | Details: 1066809

Group	Protocol	Summary	Count
Sequence	TCP	Previous segment lost (common at capture	7921
Sequence	TCP	Out-Of-Order segment	53746

Help　Close

图 2

我的第一反应便是乱序导致了重传，从而影响了性能。乱序为什么会导致重传呢？本书的 TCP 相关内容其实已有详细解释，下面再简单介绍一下。

在正常情况下，网络包到达接收方时的 Seq 号应该是顺序的，比如在每个包长度为 1460 的情况下，Seq 号可能是这样的：1460，2920，4380……因此接收方能算出下一个包的 Seq 号应该是什么。比如 4380 之后应该是 4380+1460=5840，假如收到的不是 5840，接收方就知道包序乱了。这时它应该回复一个包给发送方，说“我要的是 5840（即 Ack 5840）”。如果接下来收到的包仍然不是 5480，那接收方就再回复一次“我要的是 5840”。

而对于发送方来说，持续收到“我要的是 5840”可能意味着 5840 跑到其他包后面了，也可能意味着 5840 已经丢失。RFC 里这样定义：如果发送方收到 3 个及以上重复的“我要的是×”，即可认为包×已经丢失，应当启动快速重传。图 3 演示了这个过程。

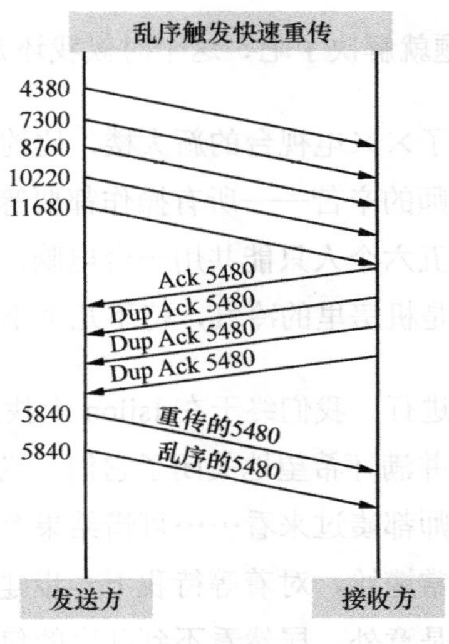

图 3

最终接收方会收到两个一样的 Seq=5480，即乱序了的原始包，还有一个重传包。其中第二个到达的包相当于浪费了。

我在 Wireshark 上随机挑出几个重传包，发现方向都是从 Isilon 到 Windows 的，恰好符合读性能差的症状。分析到这里，我仿佛看到一丝曙光。一般来说，乱序可能是由发送方或者网络设备导致的，我还应该在发送方抓包进一步调查。但因为手头上只有在接收方抓的包，所以只能到了现场再说了。在赶往机场的路上，我草拟了一个计划。

1. 把 Isilon 和 Windows 客户端连到同一台空闲的交换机，尽量排除网络设备的影响。

2. Isilon 和其他服务器一样，应该有类似 NIC teaming 的功能。根据我的经验，乱序有时候就是由 teaming 导致的，可以尝试关闭。我不久前还碰到过 Large Segment Offload（LSO）导致的乱序，也是一个考虑因素。

3. 实在不行，就在 Isilon 和 Windows 上同时抓包，两者一对比便能发现很多问题。

到了北京已经是下午了。和几位来自中国香港、美国、和日本的工程师边吃边聊。原来他们这几天做过很多方面的尝试，包括我计划中的第 1 步，但是性能没有任何改变。Windows 客户端也换过几台，但结果都差不多。目前来看网络设备和客户端都不是瓶颈，估计原因就出在 Isilon 上了。也许明天关闭 Isilon 上的

NIC teaming 和 LSO，问题就解决了吧？这个时候我还是挺乐观的。

第二天一大早便赶到了××电视台的新大楼，比约定时间早了 3 小时。这是我第一次体会到现场工程师的辛苦——所有操作都要等待客户审批，搭个测试环境就花了半天时间；而且五六个人只能共用一台电脑，我在操作的时候其他工程师就只能等着；最可怕的是机房里的冷气，待了几个小时之后实在招架不住。

幸好一切都在按计划进行。我们终于在 Isilon 上找到 Large Segment Offload 和 NIC teaming 的开关，并满怀希望地关闭了它们。当我启动测试脚本的时候，几位饱受折磨的现场工程师都凑过来看……可惜结果令人大跌眼镜——读性能比之前还差！我顿时觉得非常尴尬，对着等待我下一步建议的同事们，只能说先抓个包看看吧。这一抓包更是意外，居然看不到乱序的包了！可见我之前的猜测没有错，乱序是由 NIC teaming 或者 LSO 导致的。但为什么消除了乱序之后性能没有改善呢？再看看重传率，果然还是很高。

到这里只剩下一个解释了——重传并非乱序引起的，也就是说从一开始就走错方向。我不得不一个人坐到角落里，重新研究昨天拿到的网络包。当我逐个检查乱序的包时，果然看到了一个很有趣的现象。如图 4 所示，虽然乱序的包很多，但只是相邻两个包的颠倒，因此接收方只发出了 1 个“我要的是×”，而不会凑满 3 个以上相同的“我要的是×”来触发重传。这就解释了为什么重传不是由乱序导致的。

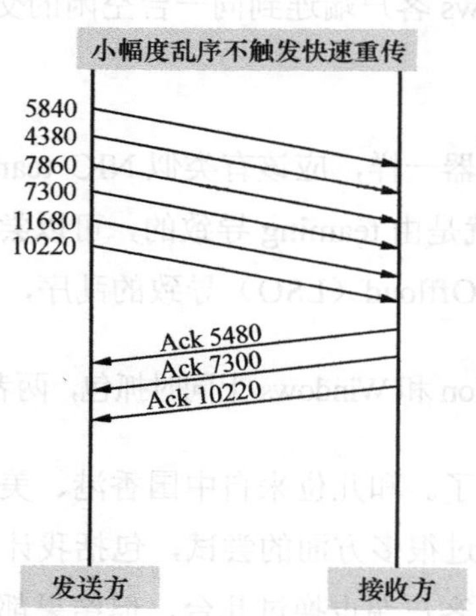

图 4

举个更通俗的例子，当序号为1、2、3、4、5、6的一系列包到达接收方时，如果次序乱成了2、1、4、3、6、5，是不会触发快速重传的；但如果乱成2、3、4、5、6、1，就会导致重传。

再分析消除乱序后在接收方抓到的网络包，现象就更加有趣了。如图5所示，接收方明明收到了Seq 20440（Frame No. 3），但它竟然发送了4个“Ack 20440”给发送方，从而促使发送方重传了Seq 20440 （Frame No. 13）。

Frame No.	Source		Destination
1	Seq 17520	→	Seq 17520
2	Seq 18980	→	Seq 18980
3	Seq 20440	→	Seq 20440
4	Seq 21900	→	Seq 21900
5	Seq 23360	→	Seq 23360
6	Seq 24820	→	Seq 24820
7	Seq 26280	→	Seq 26280
8	Ack 20440	←	Ack 20440
9	Ack 20440	←	Ack 20440
10	Ack 20440	←	Ack 20440
11	Ack 20440	←	Ack 20440
12	Ack 27740	←	Ack 27740
13	Seq 20440	→	Seq 20440

图5

这个现象实在太“不科学”了。按理说这个包是在接收方抓的，Wireshark上也已经显示了“Seq 20440”，就意味着接收方已经收到。为什么还会连发4个Dup Ack呢？我百思不得其解，不过已经隐约感觉到希望——只要解开这个谜团，问题或许就能解决了。机房里强劲的冷气让我有些分神，于是我独自踱到走廊上，从头开始分析。

我回忆起RFC中关于快速重传的描述：“当接收方收到比期望值大的Seq时，就要向发送方Ack它期望的Seq值……”根据这个理论，难道接收方在收到20440之前，已经收到了21900、23360、24820和26280这4个包？从Wireshark里看20440明明是排在这4个包前面的！

会不会是20440本身的checksum有问题，被接收方抛弃了呢？再看看图5中最后两个包，重传的 Seq 20440（Frame No. 13）到达接收方之前，接收方已经回复了"Ack 27740"(Frame No. 12)，这表明接收方收到了 27740 之前的所有包，包括 20440。也就是说，20440 真的是被移到 26280 后面了，而不是因为 checksum 无效被抛弃。

那是什么因素导致接收方把 20440 移到 26280 后面呢？目前我不得而知，但 TCP/IP 是分层协作的，也许是网络层把包交给 TCP 层时打乱了。

分析到这里，可以肯定重传的根本原因就是接收方自身的乱序，而网络设备和 Isilon 都被冤枉了。这是我第一次看到此类现象，不但颠覆了我昨天的分析结果，而且难以说服现场工程师和客户。他们已经测试了 7 台客户端，但结果都是一样的，难不成 7 台都出了同样的问题？这概率低得令人难以置信。接下来就是一场场辩论，电视台请来了他们的网络专家，希望说服我进一步检查 Isilon。我无法向他解释为何所有客户端都有同样的问题，他也不能反驳 Wireshark 上显示的证据。一直拉锯到夜里 12 点都没有吃上饭，一位同事已经出现了低血糖症状。还好最后查到一个重要信息，原来那 7 台客户端都是用同一张 ghost 盘安装的，客户终于让步，答应明天新装 7 台客户端供我们测试。但同时也有一个要求，明早必须提供一个官方的分析报告，证明的确是客户端导致的问题。

草草吃完晚饭，已经是凌晨 1 点。酒店非常贴心，为我准备好了巧克力，拆好拖鞋，甚至掀好了被子，可惜这些我都没有机会享受。等写完分析报告，已经到了凌晨 3 点半。没睡下多久，morning call 又来了……再次感叹现场工程师的辛苦，这只是我第三个晚上没睡好，而他们估计已经有一周了。我睡眼惺忪地到了电视台门口，远远看到树林里似乎有家咖啡店，像看到救命稻草一样直奔过去。到了近处才发现是"Post Office"，远看还真像是 coffee……

现场工程师手脚麻利，很快就搭好新的环境。到早上 10 点钟我们又一次启动测试脚本，这一次每台的读性能都达到 100MB/s 以上，大大超过了客户 80MB/s 的预期。现场的工程师异常兴奋，给测试结果拍照、截屏，甚至拍了一段视频。他们为这个项目压抑太久了，需要好好庆祝。

而我也背起笔记本，向这栋造型诡异的建筑、向这个奇怪的问题告别，匆匆赶往首都机场。家里还有发烧的老婆，没搬完的家……

深藏功与名

每当我要写一个真实的 Wireshark 案例时，感觉就像在自我表扬。这实在不符合阿满低调的个性，但是没办法，谁让 Wireshark 这么神奇呢？不久前我处理的一个 Data Domain 项目，便是极好的例子。

我之前对 Data Domain 的了解并不多，只知道是普林斯顿大学一位华人教授的发明，后来被我司收购了。所以当项目经理打我电话时，也是听得一头雾水。大概了解到的症状是多台 AIX 同时往 Data Domain 读写数据（如图 1 所示）。写的时候性能都很好，能超过 90MB/s；但读的时候性能却很差，在 20MB/s 以下。驻场的团队已经耗在上面好几天了，却一直没有进展，留给我的时间已经不多了。

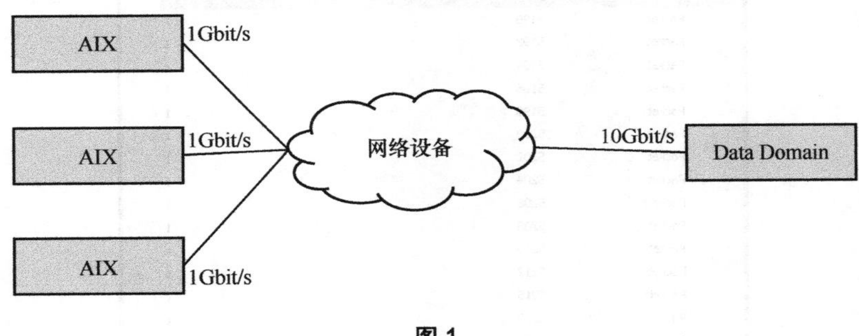

图 1

鉴于项目的紧迫性，我挂了电话便立即出发。还好这个客户的数据中心在上海郊区，我得以在路上仔细分析。

1. 一般存储设备都是读比写快，Data Domain 应该也不例外。目前的现象是读比写慢得多，所以根本原因应该不在 Data Domain 本身。

2. 网络很值得怀疑。一般存储端的带宽大，客户端的带宽小。读文件时数据从大带宽进入小带宽，就如同大河水流入小河，有可能会溢出（表现在网络上就是拥塞）而导致性能问题。写文件时方向相反，所以拥塞概率低，性能就会好一些，正好符合这个案例的症状。

3．只要在两端各抓一个网络包，就能证实我的猜测。

中午 12 点，终于到达数据中心。我让司机在门口等一会，估计很快就能出来了（颇有点温酒斩华雄的气概）。结果见到客户时，人家说午睡时间到了，一个小时后再战，说完便从桌子底下拉出折叠床来。我只能感叹同行不同命——忙碌如我，能保证夜间睡 7 小时就不错了，哪里敢奢望午睡？只好叫司机先回家，下午再来接我。

好不容易等到客户收集好网络包，用 Wireshark 打开一看，果然发现了好多重传（如图 2 所示）。重传对性能的影响是极大的，即便是 0.5%的比例也会使性能大幅度下降。

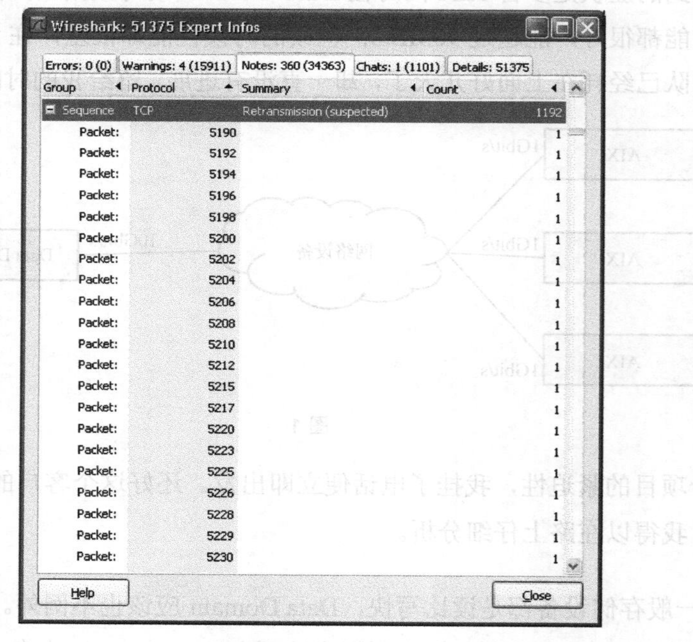

图 2

我随机看了几个重传包，发现方向都是从 Data Domain 到 AIX 的。说明这些包从 Data Domain 出来之后，在路上丢失了，最终没有到达 AIX。Data Domain 因为一直没有等到 AIX 的确认包，所以只能选择重传。

这就意味着我之前在路上的推测是正确的，网络上存在瓶颈。客户也确认 AIX 端的带宽只有存储端的 1/10，是可能有问题。不过由于网络项目已经实施完毕，无法变动，所以只能从 Data Domain 和 AIX 上想办法。

明明知道问题发生在网络上，却要到存储端和客户端上去想办法，是不是有点头痛医脚的感觉？但这的确是可行的，我至少能想到三个方案。

方案 1．把 Data Domain 的发送窗口强制成较小的值，这样每次发出去的数据量就少一些，拥塞的概率也减小了。就像大河里流的水量很少，即便流入小河也不会漫出来一样。发得慢当然对性能有影响，但由于避免了丢包，所以总性能反而有所提升。该方案的缺点是限制了 Data Domain 给所有网络设备发送数据的速度，不仅是针对 AIX。

方案 2．把 AIX 的接收窗口强制成较小的值。这样 Data Domain 给 AIX 传数据时的发送窗口就被限制了，而且给其他客户端发数据时不受影响。但该方案的缺点是限制了 AIX 从所有网络设备接收数据的速度，不只是针对 Data Domain。

以上两个方案都需要选定一个较小的窗口值，这个值要怎么算出来呢？图 3 是一个丢包的例子，发送方一口气发出 6 个包，但其中最后一个丢失了，最后导致了超时重传。

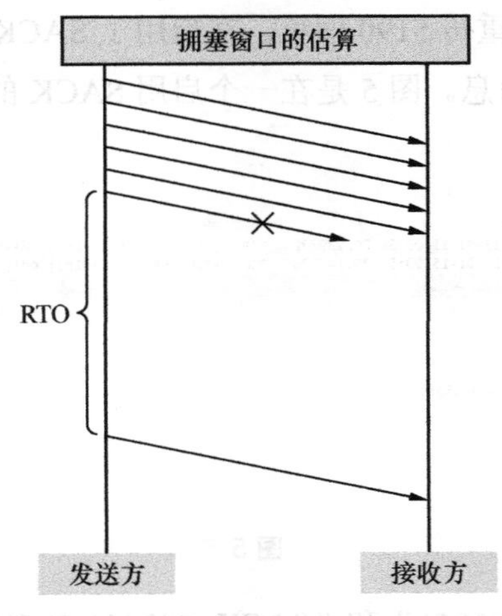

图 3

从图 3 中可以估算出丢包时的拥塞点大约为前 5 个包所携带的字节数。只要按这个方法随机找出多个拥塞点，就大概能选定合适的窗口值了。

方案 3．图 2 中的 Wireshark 截图显示重传的包为 5190、5192、5194……5230（20 个），而且这些重传包都是连续的（图 4 显示了其中的一部分）。

No.	Time	Source	Destination	Protocol	Info
5190	0.313843	10.3.130.135	10.3.128.170	RPC	[TCP Retransmission] Continuation
5191	0.313853	10.3.128.170	10.3.130.135	TCP	1023 > nfs [ACK] Seq=14137 Ack=6108097
5192	0.314132	10.3.130.135	10.3.128.170	RPC	[TCP Retransmission] Continuation
5193	0.314154	10.3.128.170	10.3.130.135	TCP	1023 > nfs [ACK] Seq=14137 Ack=6109545
5194	0.314176	10.3.130.135	10.3.128.170	RPC	[TCP Retransmission] Continuation
5195	0.314181	10.3.128.170	10.3.130.135	TCP	1023 > nfs [ACK] Seq=14137 Ack=6110993
5196	0.314426	10.3.130.135	10.3.128.170	RPC	[TCP Retransmission] Continuation
5197	0.314432	10.3.128.170	10.3.130.135	TCP	1023 > nfs [ACK] Seq=14137 Ack=6112441
5198	0.314445	10.3.130.135	10.3.128.170	RPC	[TCP Retransmission] Continuation
5199	0.314450	10.3.128.170	10.3.130.135	TCP	1023 > nfs [ACK] Seq=14137 Ack=6113889
5200	0.314462	10.3.130.135	10.3.128.170	RPC	[TCP Retransmission] Continuation

图 4

但是当我检查接收方的网络包时，发现其实只有 5190 的原始包是真正丢失了，其他的包都到达了接收方，所以没必要重传。那为什么发送方要重传这么多呢？这是因为发送方发现 5190 的原始包丢失后，无法确定后续的其他包是否也丢了，只好选择全部重传。而接收方虽然知道丢了哪些包，却没有任何机制可以告知发送方。这个问题其实在 1996 年的 RFC 2018 中就已经给出了解决方案，它就是 Selective Acknowledgment，简称 SACK。在接收方和发送方都启用 SACK 的情况下，接受方可以告诉发送方“我没收到的只是 5190 的原始包，但是我收到了其他的。”因此发送方只需重传 5190 即可。在启用了 SACK 的网络包中，我们能在 Dup Ack 包里看到这些信息。图 5 是在一个启用 SACK 的环境中抓的包，最底部就是 SACK 信息。

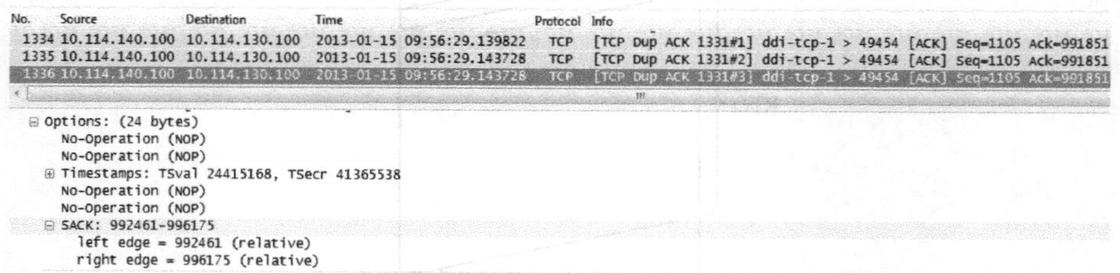

No.	Source	Destination	Time	Protocol	Info
1334	10.114.140.100	10.114.130.100	2013-01-15 09:56:29.139822	TCP	[TCP Dup ACK 1331#1] ddi-tcp-1 > 49454 [ACK] Seq=1105 Ack=991851
1335	10.114.140.100	10.114.130.100	2013-01-15 09:56:29.143728	TCP	[TCP Dup ACK 1331#2] ddi-tcp-1 > 49454 [ACK] Seq=1105 Ack=991851
1336	10.114.140.100	10.114.130.100	2013-01-15 09:56:29.143728	TCP	[TCP Dup ACK 1331#3] ddi-tcp-1 > 49454 [ACK] Seq=1105 Ack=991851

```
⊟ Options: (24 bytes)
    No-Operation (NOP)
    No-Operation (NOP)
  ⊞ Timestamps: TSval 24415168, TSecr 41365538
    No-Operation (NOP)
    No-Operation (NOP)
  ⊟ SACK: 992461-996175
      left edge = 992461 (relative)
      right edge = 996175 (relative)
```

图 5

把图 5 中的“Ack=991851”和“SACK=992461-996175”两个信息综合起来，发送方就知道 991851～992460 的包没有收到，而后面的 992461～996175 的包反

而已经收到了。

因为本案例中存在大量不必要的重传，而且 Dup Ack 包中也没有 SACK 信息，已经足以说明 SACK 没有启用。我决定先不限制发送窗口，把 SACK 打开再说。是否启用 SACK 是在 TCP 三次握手时协商决定的，如图 6 中方框内的参数所示。只要双方中有一方没有发“SACK_PERM=1”，那该连接建立之后就不会用到 SACK。

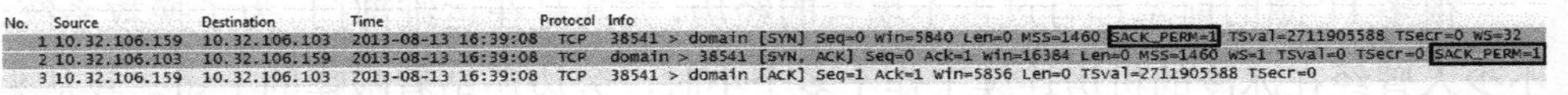

No.	Source	Destination	Time	Protocol	Info
1	10.32.106.159	10.32.106.103	2013-08-13 16:39:08	TCP	38541 > domain [SYN] Seq=0 Win=5840 Len=0 MSS=1460 SACK_PERM=1 TSval=2711905588 TSecr=0 WS=32
2	10.32.106.103	10.32.106.159	2013-08-13 16:39:08	TCP	domain > 38541 [SYN, ACK] Seq=0 Ack=1 Win=16384 Len=0 MSS=1460 WS=1 TSval=0 TSecr=0 SACK_PERM=1
3	10.32.106.159	10.32.106.103	2013-08-13 16:39:08	TCP	38541 > domain [ACK] Seq=1 Ack=1 Win=5856 Len=0 TSval=2711905588 TSecr=0

图 6

我们分别检查了 DataDomain 和 AIX，果然发现 AIX 上默认关闭了 SACK。于是客户在 AIX 上运行了“no -p -o sack=1”命令，读性能立即就飙升到 90MB/s 以上，远远超过项目需求。有了这个结果，我也不考虑方案 1 和方案 2 了，毕竟都有副作用。

在他们询问我的名字前，我已经关上车门，只留下一个伟岸的背影，深藏功与名。其实心里还有一个怨念：为什么他们就可以午睡？

棋逢对手

很多 IT 圈的前辈都有过苦不堪言的经历，尤其是在运维部门。为了挽救系统，不少人曾经在冰冷的机房连续工作十多个小时，旁边还站着咆哮的上司。我从来没有做过一线工程师，所以没有经历过什么惊心动魄的时刻。如果要跟读者分享一个印象最深刻的案例，我首先想到的是一个不算紧急，却特别考验人的问题，至今想起来还心有余悸。

那是一位澳洲客户的文件服务器，它同时为多台 Linux 应用服务器提供 NFS 访问。系统在实施阶段非常顺利，于是便择日上线了。不幸的是到了生产环境中，应用服务器访问文件时偶尔会卡一下，而且这症状的出现是不定时的、稍纵即逝的。谁也不知道接下来是什么时候，发生在哪台应用服务器上。经验丰富的系统管理员已经检查过应用服务器、文件服务器和网络设备的所有日志，可惜没有发现有价值的信息。

老油条的工程师都知道，这类问题是最“令人讨厌”的，因为既无报错信息，也不知道何时会重现，根本无从入手。大家宁愿处理丢数据或者宕机的紧急事故，也不愿意去接手这类问题。可怜的系统管理员不时被他的用户埋怨，然后再把压力转移到售后工程师身上。一线的售后工程师扛了一个礼拜没有解决，只好升级到二线。二线工程师撑了一个礼拜也没有收获，最终找到了我。大家可以想象当时那位系统管理员已经有多么沮丧。

问题到了我这里就没法再升级了，只能硬着头皮接下来。我是这样分析该症状的。

1. 访问文件时感到卡，可能是文件服务器负载过重，导致了响应慢；也可能是网络拥塞，发生了连续多次的重传。

2. 虽然无法预测问题发生的时间，但如果在业务繁忙时抓个网络包，应该多少能看到一些端倪。

当我把这个想法告诉系统管理员时，得到的回答却让我颇感意外："存储上的网络包我已经抓过了，分析下来一点问题都没有。"——在我以往接触过的客户中，不要说分析网络包了，很多人连抓包都不会。这个分析可靠吗？还没等我开口，他似乎看透了我的心思，"网络包上传到 FTP 了，你也分析一下吧。"

用 Wireshark 打开网络包之后，我习惯性地试了"性能问题三板斧"。

1．单击 Statistics-->Summary。从 Avg.MBit/sec 看到，那段时间的流量不高，所以该存储的负担似乎并不重（见图 1）。

Display
Display filter: none
Ignored packets: 0

Traffic	Captured	Displayed	Marked
Packets	13866	13866	0
Between first and last packet	3.051 sec		
Avg. packets/sec	4545.064		
Avg. packet size	854.255 bytes		
Bytes	11845100		
Avg. bytes/sec	3882643.601		
Avg. MBit/sec	31.061		

Help　Close

图 1

2．单击 Statistics-->Service Response Time-->ONC-RPC-->Program:NFS Version:3-->Create Stat，可以看到各项操作的 Service Response Time 都不错（见图 2），这进一步说明该存储并没有过载。

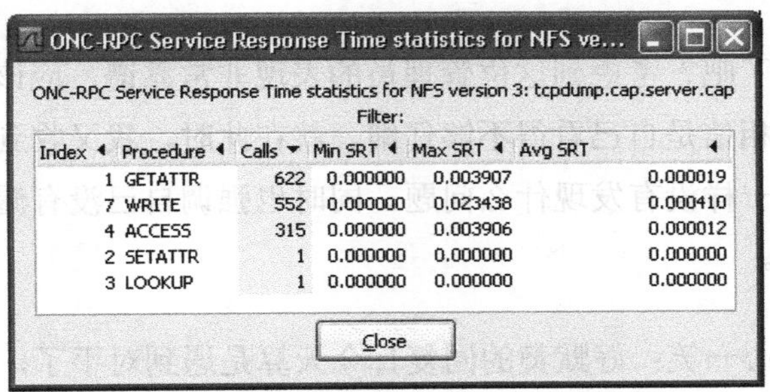
ONC-RPC Service Response Time statistics for NFS ve...

ONC-RPC Service Response Time statistics for NFS version 3: tcpdump.cap.server.cap
Filter:

Index	Procedure	Calls	Min SRT	Max SRT	Avg SRT
1	GETATTR	622	0.000000	0.003907	0.000019
7	WRITE	552	0.000000	0.023438	0.000410
4	ACCESS	315	0.000000	0.003906	0.000012
2	SETATTR	1	0.000000	0.000000	0.000000
3	LOOKUP	1	0.000000	0.000000	0.000000

Close

图 2

3. 单击 Analyze-->Expert Info Composite，从 Error 和 Warning 里都没有看到报错，这说明网络没有问题（见图 3）。假如有重传、乱序之类的现象，应该能在这个窗口里看到。

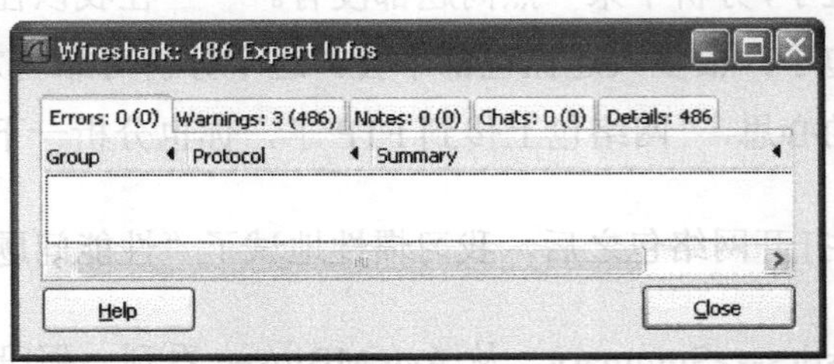

图 3

分析结果让我有些失望——这个系统看起来如此健康，完全不像是会卡的样子，接下来该怎么处理？看来一定要在出问题的时刻抓到包，舍此之外，别无他途了。我小心翼翼地给管理员写了一封邮件，把分析结果详细地告诉他，并且提出再次抓包的请求。

等待回复时很是忐忑，因为有可能收到一堆抱怨，没想到等来的竟是一个惊喜——他表示遇到一位懂 Wireshark 的合作者非常愉快，并且准备写一个程序来抓到我需要的包。这个程序会不停地打开文件，当出现卡的症状时，记录时间点并且自动停止抓包。碰到如此讲道理又懂技术的客户，简直让人如沐春风。

好消息接踵而至，几天后网络包真的抓到了，还记录了出问题的时间点。我满怀希望地又试了三板斧，预感这次一定能看到某些迹象，比如特别长的 Service Response Time 之类的。没想到一番忙活之后，竟然和之前的分析结果一模一样——什么迹象都没看到。

不会是漏抓了吧？考虑到这位管理员的表现非常靠谱，应该不至于犯这样的小错误，我宁愿相信是自己看得不够仔细。就在此时，我又收到一封邮件。原来他也分析完了，一样没有发现什么问题。同时也强调自己没有漏抓，相信问题一定就隐藏在包里。

我不由得会心一笑：好默契的回复！今天算是遇到对手了，这是我工作这么多年来第一次碰到如此厉害的角色。既然三板斧没有用，只能采用笨办法了。我先根据问题发生的时间点过滤出前后 2 秒钟的所有包，然后逐个检查。这下果然看到一个意想不到的包：如图 4 中的包号 440354 所示，NFS 服务器 172.16.2.80 给客户端 172.16.2.102 发了一个 Portmap 请求，咨询其 NLM 进程的端口号。更异常的是这个请求竟然没有得到回复。

No.	Time	Source	Destination	Protocol	Info
440352	2013-01-07 13:43:55.930812	Clariion_41:73:ba	Broadcast	ARP	Who has 172.16.2.102? Tell 172.16.2.80
440353	2013-01-07 13:43:55.930812	Vmware_a3:00:4b	Clariion_41:73:ba	ARP	172.16.2.102 is at 00:50:56:a3:00:4b
440354	2013-01-07 13:43:55.930812	172.16.2.80	172.16.2.102	Portmap	V2 GETPORT Call NLM(100021) V:4 UDP

图 4

NLM 我是听说过的，是 Network Lock Manager 的简称。客户端用它来锁定服务器上的文件，从而避免和其他客户端发生访问冲突。一般都是由客户端查询服务器的 NLM 端口，这种反方向的状况我还是第一次见到。这个 Portmap 请求出现在这里虽然有点突兀，不过似乎可以忽略，因为我想不出它跟访问文件卡有什么联系。

遍历了所有包之后，仍然一无所获。我几乎想放弃了，沮丧的感觉就像交卷时还解不出最后一道大题。但要真正放弃又不甘心，毕竟投入了这么多时间了，而且也对不起这么配合的系统管理员。我之所以至今对这个案例如此印象深刻，就是因为工作以来第一次感觉问题这么棘手。

纠结了一天之后，我还是决定从头再来，这次要更细致地分析每一个包。既然目前唯一发现的异常就是那个关于 NLM 的 Portmap 查询，那就从它开始吧。我收集了一些资料，重温了一遍 NLM 的工作原理（虽然我以前懂过，但细节性的东西一段时间没有接触，是很容易忘记的），然后把 NLM 工作过程总结如下。

1. 客户端甲→NLM_LOCK_MSG request→NFS 服务器（甲尝试锁定一个文件）

   客户端甲←NLM_LOCK_RES granted ←NFS 服务器（服务器同意了这个锁定）

2. 客户端乙→NLM_LOCK_MSG request→NFS 服务器（乙尝试锁定同一个文件）

   客户端乙←NLM_LOCK_RES blocked←NFS 服务器（因为该文件已经被

甲锁定，所以服务器让乙等着）

3．客户端甲→NLM_UNLOCK_MSGrequest→NFS 服务器（甲尝试释放锁）

客户端甲←NLM_UNLOCK_RES granted←NFS 服务器（服务器同意释放）

4．客户端乙←NLM_GRANTED_MSG←NFS 服务器（服务器主动把锁给了乙）

客户端乙→NLM_GRANTED_RES accept→NFS 服务器（乙接受了）

Wireshark 里看到的那个 Portmap 请求，发生在上面的哪个步骤呢？应该在第三步和第四步之间。就在找到答案的一刹那，我恍然大悟，一下子知道问题出在哪了。

1．第三步之后，服务器要通过 Portmap 查询乙的 NLM 端口号（也就是那个诡异的包），得到回复后才能进入第四步。

2．假如查询端口号失败，则第四步无法进行，也就意味着服务器没有办法把锁给乙。

3．由于乙得不到锁，所以只能继续等到超时为止。这对于应用程序来说，就是卡住了。

4．该问题只发生在多个客户端同时访问同一文件的情况下，所以表现为偶发症状。

5．乙没有响应 Portmap 查询，很可能是包被防火墙拦截了。

我来不及写邮件，就迫不及待地抓起电话，把分析结果告诉南半球的系统管理员。他也非常兴奋，很快就修改了防火墙设置，从此再也没有用户报告过卡的现象。

事情是否到此结束了呢？这个症状的确结束了。不过用户又反馈了另一个症状，这一次连 Wireshark 都无能为力，最后还是 Patrick 专门写了段脚本才解决的。由于这个新问题没有多少借鉴意义，所以本书略过不讲。但是写脚本所用到的 tshark 工具非常有用，我们将在《学无止境》一文中详加介绍。

学无止境

当你用 Wireshark 解决了一个又一个难题时，再谦虚的人也会自信心膨胀，以为没有什么问题是解决不了的。可惜这只是错觉，因为 Wireshark 的确有它的应用极限。

我是什么时候意识到这一点的呢？大概两年前我碰到过这样一个问题：接收方不时回复“TCP Window=0”给发送方，导致发送方只能停下来等待。整个传输过程的 Sequence Number 曲线类似于图 1 所示，其中水平部分表明接收方当时正在发“TCP Window=0”。

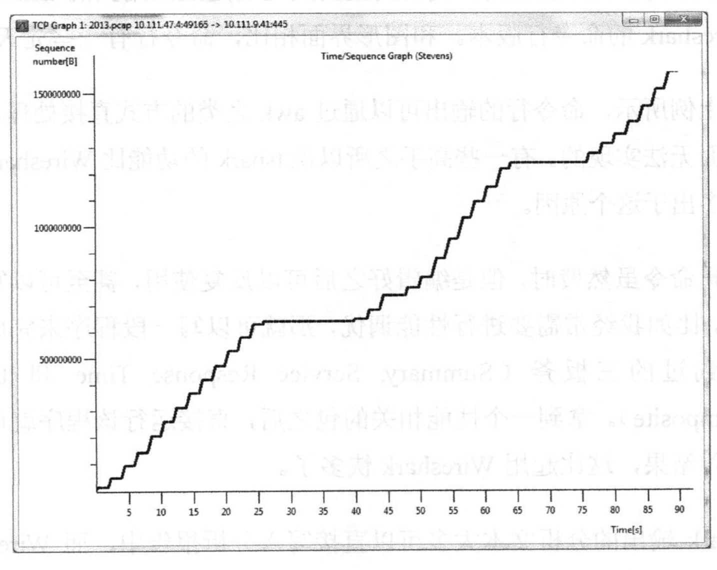

图 1

为了给客户出一份专业的分析报告，我需要统计出“TCP Window=0”所导致的停滞总共有多少毫秒。通过图 1 的横坐标来统计显然不够精确，所以我不得不把所有的问题包过滤出来，逐段统计停滞的时间。像图 1 这样只有两段停滞时间的情况还好，碰到有几十段的时候就很费时了。

为什么我要人工地去做如此简单的重复劳动呢？这明显更适合由程序来完成，但是 Wireshark 没有提供这项功能。几天后我随口向 Patrick 提起了这个问题，没想到他立即分享给我一段脚本。我只需要运行以下命令，该脚本就可以把总停滞时间计算出来了。

```
$ tshark -n -r <tcpdump_name> -z
'proto,colinfo,frame.time_relative,frame.time_relative' -z
'proto,colinfo,tcp.ack && (tcp.srcport == <source_port> && tcp.dstport ==
<destination_port>),tcp.ack' -z 'proto,colinfo,tcp.window_size && (tcp.srcport ==
<source_port> && tcp.dstport == <destination_port>),tcp.window_size'|awk -f
<script>
```

<script> 指的就是 Patrick 分享的脚本。由于篇幅所限，我就不把脚本内容贴出来了，这也不是本文的重点。我们真正要关注的是上面用到的 tshark 命令，它相当于 Wireshark 的命令行版本。和图形界面相比，命令行有一些先天的优势。

- 如上例所示，命令行的输出可以通过 awk 之类的方式直接处理，这是图形界面无法实现的。有一些高手之所以说 tshark 的功能比 Wireshark 强大，也大多出于这个原因。

- 编辑命令虽然费时，但是编辑好之后可以反复使用，甚至可以写成一个软件。比如我经常需要进行性能调优，那就可以写一段程序来完成本书多次提到过的三板斧（Summary, Service Response Time 和 Expert Info Composite）。拿到一个性能相关的包之后，直接运行该程序就可以得到三板斧结果，这比起用 Wireshark 快多了。

- tshark 输出的分析文本大多可以直接写入分析报告中，而 Wireshark 生成不了这样的报告。比如说，我想统计每一秒钟里 CIFS 操作的 Service Response Time，那只要执行以下命令就可以了，如下例所示。

```
tshark -n –q -r tcpdump.cap -z "io,stat,1.00,AVG(smb.time)smb.time"
```

```
===================================
IO Statistics
Interval: 1.000 secs
Column #0: AVG(smb.time)smb.time
                    |   Column #0
Time                |           AVG
000.000-001.000                0.008
001.000-002.000                0.007
002.000-003.000                0.007
003.000-004.000                0.007
004.000-005.000                0.014
005.000-006.000                0.001
006.000-007.000                0.003
007.000-008.000                0.005
008.000-009.000                0.001
009.000-010.000                0.001
010.000-011.000                0.000
011.000-012.000                0.000
012.000-013.000                0.001
===================================
```

这个结果导入 Excel，又可以生成各种报表。

- 和其他软件一样，命令行往往比图形界面快得多。比如现在有一个很大的包需要用 IP 192.168.1.134 过滤，用 Wireshark 操作的话先得打开包，再用 ip.addr==192.168.1.134 过滤，最后保存结果。这三个步骤都很费时，但是 tshark 用下面一条命令就可以完成了。

```
tshark -r tcpdump.log -R "ip.addr==192.168.1.134 " -w tcpdump.log.filtered
```

因为上述这些优势，一位工程师可能上手 tshark 之后很快就会舍弃 Wireshark。是的，就是本书所极力推荐的 Wireshark。学无止境，当你掌握了足够多的经验时，就完全可以忽略 Wireshark 的友好界面，转而追求更高效，也更复杂的 tshark。

tshark 的入门并不难。在安装好 tshark 的操作系统上（安装 Wireshark 的时候也默认安装 tshark），执行“tshark -h”就可以阅读使用说明了。有 Wireshark 经验的读者应该不需要我来解析这些说明。本文要分享的，是一些从使用说明上学不到的技巧。

1．如何在 Windows 命令行中搜索 tshark 的输出？

我建议安装含有 qgrep 的 Windows Resource Kit，然后就可以用 qgrep 来搜索了。如图 2 所示，我希望搜索 mount.pcap 中含有“code”字符串的一个包，就可以用 qgrep 找出来。

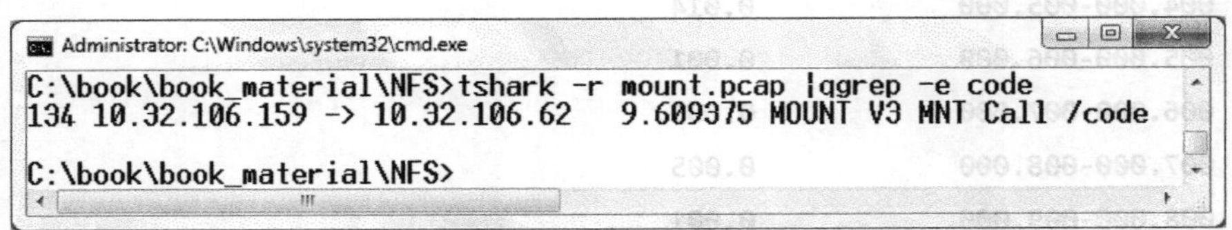

```
Administrator: C:\Windows\system32\cmd.exe
C:\book\book_material\NFS>tshark -r mount.pcap |qgrep -e code
134 10.32.106.159 -> 10.32.106.62   9.609375 MOUNT V3 MNT Call /code

C:\book\book_material\NFS>
```

图 2

2．本书介绍过的性能问题三板斧如何通过命令实现？

a．Summary 可以通过 capinfos 命令查询，如图 3 所示。

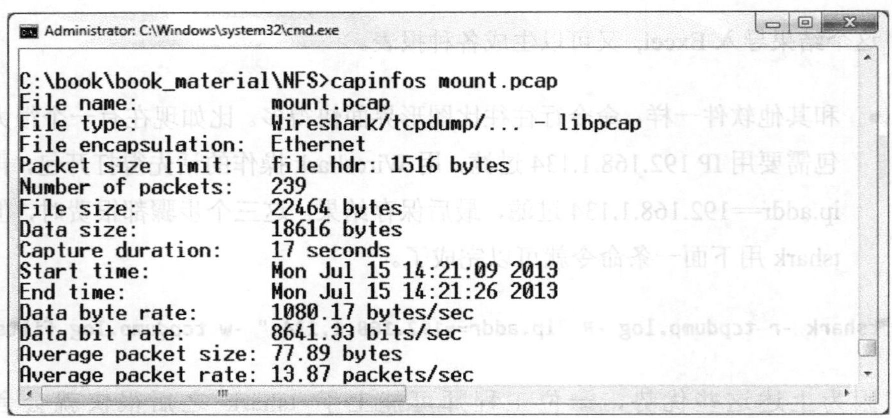

```
Administrator: C:\Windows\system32\cmd.exe

C:\book\book_material\NFS>capinfos mount.pcap
File name:           mount.pcap
File type:           Wireshark/tcpdump/... - libpcap
File encapsulation:  Ethernet
Packet size limit:   file hdr: 1516 bytes
Number of packets:   239
File size:           22464 bytes
Data size:           18616 bytes
Capture duration:    17 seconds
Start time:          Mon Jul 15 14:21:09 2013
End time:            Mon Jul 15 14:21:26 2013
Data byte rate:      1080.17 bytes/sec
Data bit rate:       8641.33 bits/sec
Average packet size: 77.89 bytes
Average packet rate: 13.87 packets/sec
```

图 3

注意：安装 Wireshark 的时候，默认会附带 capinfos 和 Editcap 等工具，除非你手动勾掉它们。

b．获取 Service Response Time 则要视不同协议而定，比如 NFS 协议可以用图 4 中的命令。

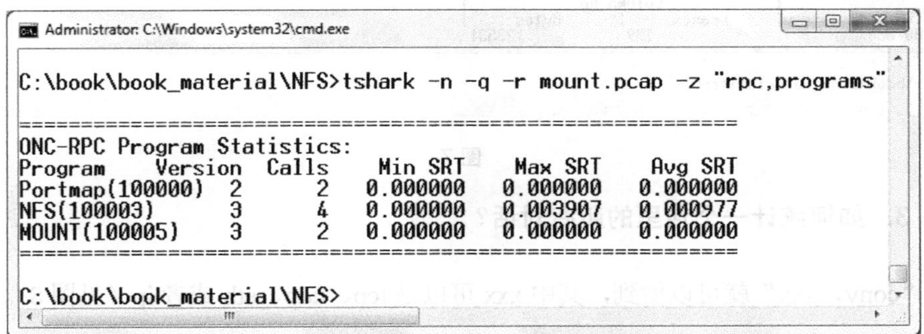

图 4

CIFS 协议只要把图 4 中双引号中的内容改为“smb,rtt,”即可（见图 5）。

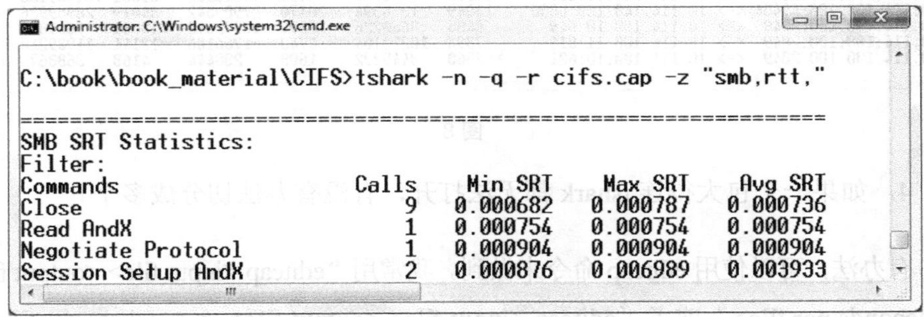

图 5

c. 重传状况要用到 tcp.analysis.retransmission 命令，注意图 6 中这 384 个 frames 包括了超时重传和快速重传两种情况。

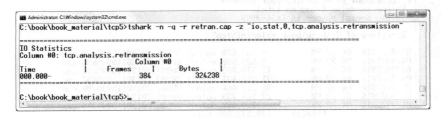

```
C:\book\book_material\tcp5>tshark -n -q -r retran.cap -z "io,stat,0,tcp.analysis.retransmission"

===================================================================
IO Statistics
Column #0: tcp.analysis.retransmission
                |     Column #0
Time            |   Frames  |   Bytes
000.000-             384       324238
===================================================================

C:\book\book_material\tcp5>_
```

图 6

d．乱序状况则只要把“retransmission”改成”out_of_order”（见图 7）。

```
Administrator: C:\Windows\system32\cmd.exe
C:\book\book_material\tcp5>tshark -n -q -r retran.cap -z "io,stat,0,tcp.analysis.out_of_order"

===================================================================================
IO Statistics
Column #0: tcp.analysis.out_of_order
                |          Column #0           |
Time            |     Frames     |     Bytes    |
000.000-                  139           123531
===================================================================================

C:\book\book_material\tcp5>_
```

图 7

3．如何统计一个包里的所有对话？

“conv，xxx”就可以做到，其中 xxx 可以是 tcp、udp、eth 或者 ip（见图 8）。

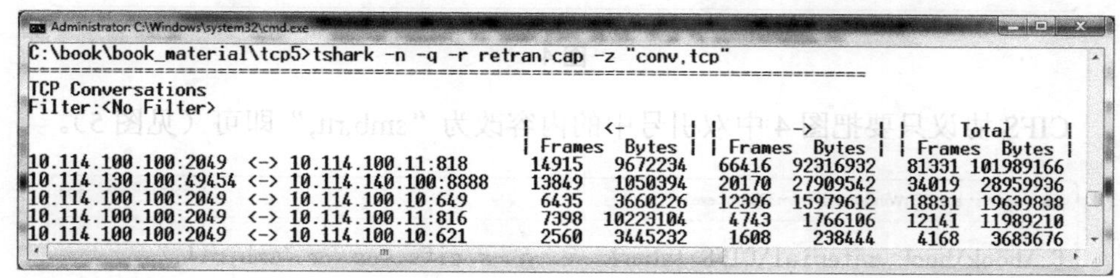

```
Administrator: C:\Windows\system32\cmd.exe
C:\book\book_material\tcp5>tshark -n -q -r retran.cap -z "conv,tcp"
================================================================================
TCP Conversations
Filter:<No Filter>
                                                |       <-      | |       ->      | |     Total     |
                                                | Frames  Bytes | | Frames  Bytes | | Frames  Bytes |
10.114.100.100:2049   <-> 10.114.100.11:818       14915   9672234   66416  92316932   81331 101989166
10.114.130.100:49454  <-> 10.114.140.100:8888     13849   1050394   20170  27909542   34019  28959936
10.114.100.100:2049   <-> 10.114.100.10:649        6435   3660226   12396  15979612   18831  19639838
10.114.100.100:2049   <-> 10.114.100.11:816        7398  10223104    4743   1766106   12141  11989210
10.114.100.100:2049   <-> 10.114.100.10:621        2560   3445232    1608    238444    4168   3683676
```

图 8

4．如果一个包大得连 tshark 都无法打开，有没有办法切分成多个？

有办法，可以使用 editcap 命令来做到。我常用“editcap <input file> <output file> -i <seconds per file>”或者“editcap <input file> <output file> -c <packets per file>”两种方式。图 9 所示的例子以每 8 秒为间隔切分了这个包。

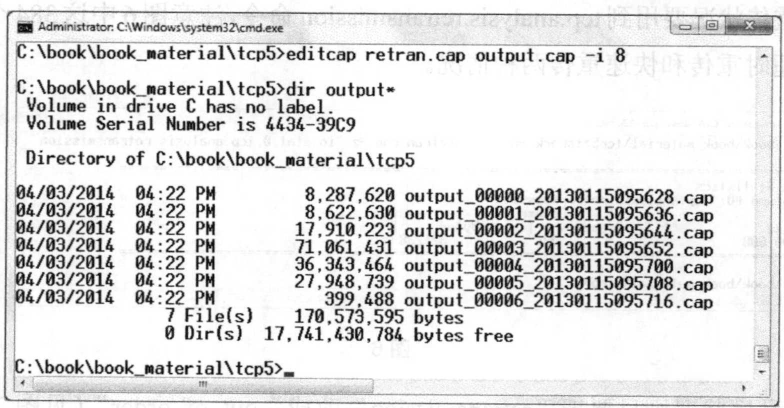

```
Administrator: C:\Windows\system32\cmd.exe
C:\book\book_material\tcp5>editcap retran.cap output.cap -i 8

C:\book\book_material\tcp5>dir output*
 Volume in drive C has no label.
 Volume Serial Number is 4434-39C9

 Directory of C:\book\book_material\tcp5

04/03/2014  04:22 PM         8,287,620 output_00000_20130115095628.cap
04/03/2014  04:22 PM         8,622,630 output_00001_20130115095636.cap
04/03/2014  04:22 PM        17,910,223 output_00002_20130115095644.cap
04/03/2014  04:22 PM        71,061,431 output_00003_20130115095652.cap
04/03/2014  04:22 PM        36,343,464 output_00004_20130115095700.cap
04/03/2014  04:22 PM        27,948,739 output_00005_20130115095708.cap
04/03/2014  04:22 PM           399,488 output_00006_20130115095716.cap
               7 File(s)    170,573,595 bytes
               0 Dir(s)  17,741,430,784 bytes free

C:\book\book_material\tcp5>_
```

图 9

除了这里介绍的这些，tshark 下的网络分析技巧还有很多。利用管道（Pipeline）还可以结合 awk、sed 等命令实现更为强大的功能，值得每位工程师长期学习。如果学习过程中遇到任何问题，建议查询 Wireshark 的官方说明，地址为 http://www.wireshark.org/docs/man-pages/tshark.html。就算我这样的老用户还经常能从中学到新知识呢。

一个技术男的自白

当我在台灯下写到这一篇时，不由得想到几个月后，另一束灯光下的读者正翻到这一页，跨越时空的交流真是奇妙。我要感谢你购买本书并坚持读到这里。作为小众图书的作者，我最珍视的是读者对本书内容的喜爱，也希望你在阅读中有所收获。最后一篇，就让我们忘记那些乏味的术语，谈些有趣一点的话题吧。

关于技术，当下的热点是 Full Stack Engineer，翻译过来就是全栈工程师。我的理解就是从前端到后端，从软件到硬件都懂的通才。其实在全栈的概念出现之前，关于技术广度和深度的讨论就从来没有停止过。在时间有限的情况下，究竟是应该扩展广度，各种技术都去涉猎，还是把所有精力都投入在一门技术上呢？我个人更倾向于后者，因为当某项技术学到了较深的程度后，眼界就不一样了，再学其他的技术也容易达到类似境界。以本书提到的协议为例，如果你已经精通 CIFS，那很可能稍加点拨就能完全理解 NFS；同样如果你理解了网络的分层和流控，再学习存储的层次和缓存也比较容易。但假如一个人连最擅长的技术都浅尝辄止，那学习其他技术也会停留在表面上。我有位技术出色的朋友用过一个生动的比喻来说明这个问题：技术深度和广度的关系，就像登山时的高度和视野。假如你爬到半山腰就停下来眺望，就只能看到一半的视野；但如果埋头爬到山顶，一抬头便是无边的风景。

关于薪水，是很多工程师自怨自艾的口水话题。不知道从何时开始，大家似乎都觉得自己被亏待了。微博上流传各种自嘲的段子，比如“今天你编程时流的汗，就是当初填志愿时脑子进的水”；我也曾经开玩笑说自己的英文名是“Low Payman”；我有位年薪 40 多万的同事，MSN 签名是“少壮不努力，老大干 IT”；还有一种流行的说法，认为在中国不适合走技术路线，否则为什么在国外才有白发苍苍的老工程师？看过太多类似段子之后，我觉得这种群体心态已经有点矫情了。无论在什么国家，工程师都排不上收入最高的群体。相比国外，中国工程师地位已经算高了，比如美国工程师的收入就完全比不上律师和医生等职业，但在中国就未必是这样。中国也不是没有老工程师的发展空间，而是因为第一批工程师还没有变老。热爱自嘲的人其实也心知肚明——他们的薪水完全足以维持体面的生活，比如那位“少壮不努力”的同学，一直在上海这个大染缸过着纸醉金迷的日子。而真正徒伤悲的职业，恐怕根本没有心情自我编排……我认为自嘲是一种难得的幽默，但是当一个群体的自嘲都专注在薪水上，听上去就有点无聊。

关于办公室政治，那真不是属于我们的战场。孟子的“劳心者治人，劳力者治于人”对中国影响太过深远，我不止一位朋友从技术路线改走管理路线的时候，以这句话作为座右铭。而在我看来，自从人类进化到可以坐在办公室里“劳力”之后，“劳心”就缺乏吸引力了。人类比电脑狡诈太多，还是管电脑省心。我们就把办公室政治这样劳心的活儿留给走管理路线的同事吧，只要不站队不说是非，用技术帮助所有人，自然会成为单位里最受尊敬的人。

关于创业，我想没有哪个行业比 IT 界更热衷于此了。或许是因为这一行有过太多轻易成功的故事，所以工程师们蠢蠢欲动，仿佛每个人都在想，连一个毫无技术含量的导航网站都能被高价收购，满腹才华的我能干出怎样惊天动地的事业？于是有志者开始对职业不满，觉得无论如何应该出去闯闯，寻找自己被封印的灵魂，他们振臂一挥，豪气万丈地说“走，创业去！”其实我个人是非常羡慕这样充满激情的人生的，无奈看过太多失败的例子，总觉得创业的成功率被高估。有位朋友到福建承包一片山林之后，很快发现这东西并没有想象中那么赚钱。终于在花光所有积蓄之后，萌发了“不如归去”的念头。虽然听上去颇有禅意，其实心里还是很懊悔的，最后不仅回到原来公司，还坐到原来的位子上。当然成功者也是有的，不要妒嫉他们，因为这是冒着风险得到的。

关于跳槽，除了印度之外，我还没有见过比中国工程师更爱跳槽的群体。由于每跳槽一次基本能加薪 30%，的确让人难以淡定地呆在一个岗位上。不过在我看来，频繁跳槽所付出的代价恐怕高于这点收益，因为很快就会发现无处可跳了。而且更大的副作用是，多次换工作导致了各种技术都只学到皮毛，等醒悟过来已经晚了。如果某个新职位吸引你的亮点只是加薪，我建议三思而行。

关于理科生的骄傲，在工程师群体中，有小部分年轻人至今还保持着源自高中理科班的自豪感。比如看到一本精彩的科幻小说，便觉得文科生不可能懂；如果新来的领导不是理工科出身，就感叹所处的并非技术驱动型公司；最让我吃惊的一次，是一位 DBA 质疑不懂技术的销售人员为什么地位那么高。这种错误的认知显然源于交际圈子的狭隘，对非技术人员的能力缺乏了解。其实你在调试代码时，他们同样在推敲文案；你在餐桌上只管品菜海侃，他们却要左右逢源，让所有宾客感到满意；你结交朋友只看心情喜好，他们在朋友圈里只说"正确"的话，永远如沐春风地倾听；你在内部会议上发言都显拘谨，他们面对突如其来的话筒也能侃侃而谈……毫无疑问，非技术工作的"技术含量"一点都不低。幸好随着阅历的增长，大多数理科生都能改掉这个毛病。

关于生活，IT 男们已经被打上了太多标签：宅、木讷、生活简单。这当然是一种偏见，至少我身边的朋友就不是这样。不过比起国外的工程师群体，我们的业余生活似乎是单调了些。比如与我合作多年的国外同事中，有组乐队的、当冰球教练的、玩帆船的、DIY 花园的……有些朋友对此羡慕不已，以为发达国家才玩得起多样化的娱乐，对此我不敢苟同。比如中国学习乐器的人数早就全球第一，在我屈指可数的女同事中，至少有三位在小时候考过钢琴十级。我所住的小区一楼都配有朝南的大院子，园艺条件极佳，只是户户都铺砖硬化了……所以细想起来，经济上并不是主因，只是不够热情罢了。工程师本来就是最擅长 DIY 的群体，只要行动起来，完全可以让业余生活更加丰富，成为一个更加有趣的人。